新・演習物質科学ライブラリ＝4

基礎 有機化学演習

大須賀 篤弘・東田 卓 共著

サイエンス社

サイエンス社のホームページのご案内
http://www.saiensu.co.jp
ご意見・ご要望は　rikei@saiensu.co.jp　まで

はじめに

　有機化学をマスターするには，とてもたくさんの有機化合物の名前や有機反応を覚えないといけないと思う人が多いかもしれない．これは，一部，正しいが，実は，そうではない．むろん，多くの有機反応を知っていれば便利だし，役に立つ．これは，これで大事なことだ．しかし，非常にたくさんの有機化合物や有機反応を覚えないと有機化学を理解できないかというと，そうではない．断じて言うが，有機化学は暗記モノではなく，体系のしっかりした論理性のある学問である．つまり，有機化学の中心的な考え方，つまり「有機化学の論理」を身に付けることができれば，自然と多くの有機反応を理解できるようになる．それには，どうしたらいいかといえば，いくつかの代表的な有機化合物の大事な性質や反応や考え方を身に付けることである．この演習書には，そのノウハウがコンパクトに整理されている．

　この演習書は，高校や高専で新学習指導要領の「化学 I」を学んできた学生が，初めて「基礎有機化学」の教科書を通じて有機化学を学び，この教科書と並行して，いろいろな問題を解きながら，基礎力をアップさせることを目的としている．問題は，基礎的なレベルから，大学 3 年次の編入学試験レベル，そして，大学院入試問題レベルと，用意されており，それぞれの実力に合わせて学習できるように工夫されている．特に，総合演習問題は大学第 3 年次編入学試験問題を中心にした総合応用問題，発展演習問題は大学院入学試験問題の基礎的な問題を収録している．興味深いことに，最近の大学 3 年次の編入学試験では，入試問題に偏りがあり，同じ趣旨の問題が頻度高く出題される傾向があることがわかった．そうした問題は，本書では，繰り返し取り上げられるようになっており，本書の問題を順に解いていけば，自然とわかるように，工夫されている．

　有機化学は，役に立つ学問であるが，同時に非常に魅力的な創造性溢れるサイエンスでもある．「基礎有機化学」と本演習書に刺激されて，より高度な有機化学に挑戦する人が登場するのを，楽しみに待ちたいと思う．

2005 年 3 月

大須賀篤弘

東田　卓

目 次

第1章 有機化合物とは ... 1

- **1.1** 有機化合物とは ... 1
- **1.2** 有機化合物の命名法 ... 1
- **1.3** 有機化合物の特性 ... 1
- **1.4** 有機化学反応式の書き方 ... 1
  - 例題 1
- **1.5** 原子の構造 ... 3
- **1.6** イオン結合 ... 3
- **1.7** 共有結合 ... 3
  - 例題 2〜3
- **1.8** 炭素の σ 結合 ... 5
- **1.9** 炭素の π 結合 ... 5
  - 例題 4

第2章 アルカン ... 7

- **2.1** アルカンとは ... 7
- **2.2** 有機化合物の命名法 ... 7
  - 例題 1
- **2.3** アルカンの立体配座 ... 9
  - 例題 2〜4

第3章 アルケン,アルキン,芳香族化合物 ... 12

- **3.1** アルケン,アルキン,芳香族化合物とは ... 12
- **3.2** アルケン,アルキン,芳香族化合物の命名法 ... 12
- **3.3** アルケン,アルキン,芳香族化合物の性質 ... 12
  - 例題 1

目次 iii

3.4 アルケン，アルキン，芳香族化合物の反応 …………………… 14
　　例題 2〜4

第4章　ハロゲン化アルキル　　18

4.1 ハロゲン化アルキルとは …………………………………………… 18
4.2 ハロゲン化アルキルの命名法 ……………………………………… 18
4.3 ハロゲン化アルキルの性質 ………………………………………… 18
　　例題 1
4.4 ハロゲン化アルキルの反応 ………………………………………… 20
　　例題 2〜3

第5章　アルコールとエーテル　　23

5.1 アルコールとエーテルとは ………………………………………… 23
5.2 アルコールとエーテルの命名法 …………………………………… 23
5.3 アルコールやエーテルの性質 ……………………………………… 23
　　例題 1
5.4 アルコールとエーテルの反応 ……………………………………… 25
　　例題 2〜4

第6章　アルデヒドとケトン　　29

6.1 アルデヒドとケトンとは …………………………………………… 29
6.2 アルデヒドとケトンの命名法 ……………………………………… 29
　　例題 1
6.3 アルデヒドやケトンの性質 ………………………………………… 31
6.4 アルデヒドとケトンの反応 ………………………………………… 31
　　例題 2〜5

第7章　カルボン酸とその誘導体　　36

7.1 カルボン酸とその誘導体とは ……………………………………… 36
7.2 カルボン酸の命名法 ………………………………………………… 36
　　例題 1
7.3 カルボン酸とその誘導体の性質 …………………………………… 38
　　例題 2

   7.4   カルボン酸とその誘導体の反応 ································ 40
         例題 3〜4

第8章　アミン　　43

   8.1   アミンとは ·· 43
   8.2   アミンの命名法 ·· 43
   8.3   アミンの性質 ··· 43
   8.4   アミンの反応 ··· 43
         例題 1

第9章　複素環式化合物　　45

   9.1   複素環式化合物とは ··· 45
   9.2   複素環式化合物の命名法 ··· 45
   9.3   複素環式化合物の性質 ·· 45
   9.4   複素環式化合物の反応 ·· 45
         例題 1

第10章　アミノ酸とタンパク質　　47

   10.1   アミノ酸とタンパク質とは ······································ 47
   10.2   アミノ酸とタンパク質の命名法 ······························· 47
         例題 1
   10.3   アミノ酸とタンパク質の性質 ·································· 49
   10.4   アミノ酸とタンパク質の反応 ·································· 49
         例題 2〜3

第11章　糖　質　　52

   11.1   糖質とは ·· 52
   11.2   単糖類の命名法と構造 ·· 52
         例題 1
   11.3   二糖類・多糖類の命名法と構造 ······························· 54
   11.4   糖質の反応 ··· 54
         例題 2

第12章 脂 質　　　　　　　　　　　56

- **12.1** 脂質とは ･････････････････････････････ 56
- **12.2** 油脂の命名法と構造 ･････････････････････ 56
- **12.3** 油脂の反応 ･････････････････････････････ 56
- **12.4** その他の脂質 ･･･････････････････････････ 56
  - 例題 1

第13章 核 酸　　　　　　　　　　　　58

- **13.1** 核酸とは ･･･････････････････････････････ 58
- **13.2** 核酸の構造 ･････････････････････････････ 58
  - 例題 1

第14章 材料としての有機化合物　　　　60

- **14.1** 高分子とは ･････････････････････････････ 60
- **14.2** 高分子の分類 ･･･････････････････････････ 60
  - 例題 1～2

第15章 有機化合物の測定技術　　　　　64

- **15.1** IR とは ･････････････････････････････････ 64
- **15.2** UV とは ････････････････････････････････ 64
- **15.3** NMR とは ･･････････････････････････････ 64
- **15.4** MS とは ････････････････････････････････ 64
  - 例題 1

総合演習問題　　　　　　　　　　　　　66

発展演習問題　　　　　　　　　　　　　81

問題解答　　　　　　　　　　　　　　　86

- 1 章の問題 ･････････････････････････････････ 86
- 2 章の問題 ･････････････････････････････････ 87
- 3 章の問題 ･････････････････････････････････ 89

4 章の問題 ………………………………………… 94
5 章の問題 ………………………………………… 96
6 章の問題 ………………………………………… 99
7 章の問題 ………………………………………… 102
8 章の問題 ………………………………………… 104
9 章の問題 ………………………………………… 105
10 章の問題 ……………………………………… 106
11 章の問題 ……………………………………… 108
12 章の問題 ……………………………………… 111
13 章の問題 ……………………………………… 112
14 章の問題 ……………………………………… 113
15 章の問題 ……………………………………… 113
総合演習問題 ……………………………………… 114
発展演習問題 ……………………………………… 145

索　引　　　　　　　　　　　　　　　158

1　有機化合物とは

1.1　有機化合物とは

有機化合物とは炭素の酸化物を除くすべての炭素化合物である．

1.2　有機化合物の命名法

慣用名　　古くから呼ばれている名称．現在あまり用いられていない名称もある．
IUPAC 名　IUPAC (International Union of Pure and Applied Chemistry) の命名法として 1979 年に定められた．この規則に従えばどんな複雑な化合物でも命名可能である．現在慣用名と IUPAC 名の両者が使われているが，IUPAC 名がありながら IUPAC で慣用名の使用を勧めているものもあり，一概にどちらの命名法がよいと決められるものではない．

1.3　有機化合物の特性

- 多くの有機物は可燃性である．
- 炭化水素化合物は非イオン性であり，水には全く溶解せず，有機溶媒に溶解する．
- 電離しやすい分子は電離しイオンを生成するため水に対する溶解度がある．
- $-OH$ 基など極性の高い官能基を有する分子は極性官能基が水和されるため水に対する溶解度がある．

$CH_3-COONa$ 酢酸ナトリウム　→　CH_3-COO^- … Na^+　電離

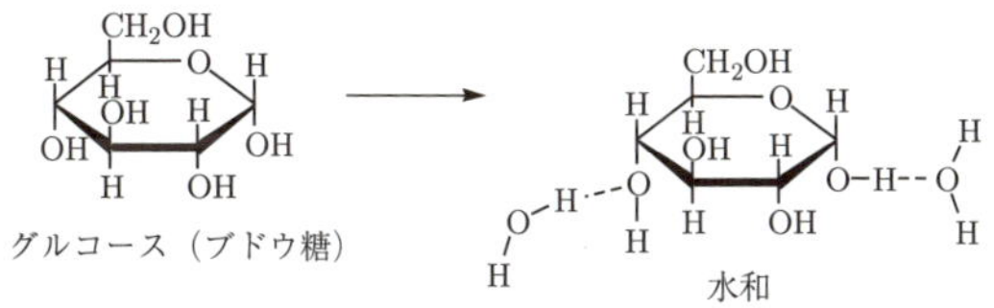

グルコース（ブドウ糖）　→　水和

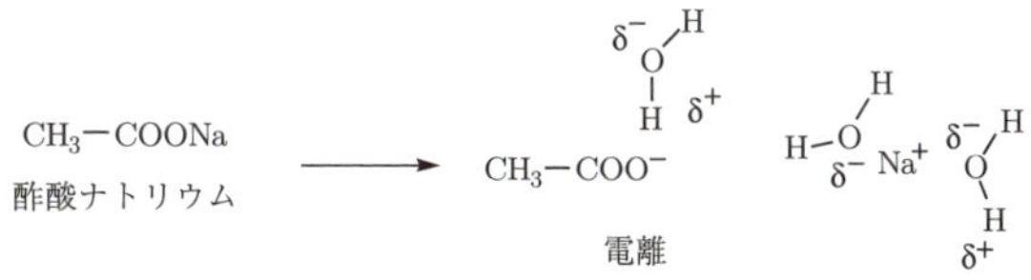

1.4　有機化学反応式の書き方

有機化学反応は溶媒や反応条件によって生成物が異なってくることが多い．溶媒や反応温度などを矢印の下に，反応試薬や触媒などを矢印の上に書くのが一般的である．

例題 1

次の化合物の水に対する溶解度を予測せよ．

$$CH_3-CH_2-OH \quad CH_3-CH_2-CH_2-OH \quad CH_3-CH_2-CH_2-CH_2-OH$$

解答 これらの化合物の名称は左からエタノール，1-プロパノール，1-ブタノールである．炭素数 2 のエタノールでは疎水性の炭化水素 (CH_3-CH_2) の部位に比べ，親水性の $-OH$ の占める割合が大きく，水と自由に混和する (実際アルコール分 1% 以下のビールや 96% のウオッカなどさまざまなアルコールの水溶液が「アルコール飲料」として売られており，水とアルコールが任意の割合で混和するのはこの分子の性質によるものである)．プロパノールもエタノールと同じく自由に水に混和するが，水に無機の溶質 (塩化カルシウム) などが溶け込むと塩析の効果により溶解度が低下する．

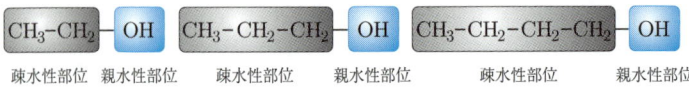

炭素数 4 のブタノールでは分子中において疎水性の炭化水素 ($CH_3-CH_2-CH_2-CH_2-$) の占める割合が多くなり，親水性の $-OH$ だけでは水に対する水和が十分でなくなるため，30 ℃ においてブタノールの水に対する溶解度は 7.08 vol% に低下してしまう．

問題

1.1 次の物質のうち有機化合物はどれか．
C_{60} (フラーレンの一種)，NaCN (シアン化ナトリウム)，NH_4OCN (シアン酸アンモニウム)，$CO(NH_2)_2$ (尿素)，$NaHCO_3$ (炭酸水素ナトリウム)，CH_4 (メタン)

1.2 次の文章を要約して化学反応式を書きなさい．
濃硫酸と濃硝酸の混酸にベンゼンをおだやかに室温で滴下した．よく撹拌しながら徐々に加熱し，60 ℃ で一時間撹拌した．室温に戻し反応混合物を氷水に注ぎ，分液操作で水層を除去し，炭酸水素ナトリウム水溶液で有機層を洗浄後，減圧蒸留しニトロベンゼンを収率 80% で得た．

1.5　原子の構造

原子の中心に原子核があり，その周辺に内側から K 殻，L 殻，M 殻と呼ばれる電子が入りうる殻がある．K 殻には 1s 軌道の電子が最大 2 個入る．L 殻には 2s 軌道の電子 2 個と 2p 軌道の電子 6 個の最大計 8 個の電子が入りうる．s 軌道は球面で p 軌道は亜鈴型の軌道をとっている．p 軌道はそれぞれ xyz 方向 (p_x, p_y, p_z) に軌道が直交している．それぞれの軌道には電子は最大 2 個ずつ入り，原子番号 10 番のネオンでは 1s 軌道から $2p_z$ 軌道までが電子 2 個ずつ入るため，K 殻と L 殻がすべて埋まる．L 殻には電子が最大 8 個入ることから，閉殻構造を保ったネオンは価電子が 8 個であり，安定な状態のためオクテット則を保った状態と呼ぶ．

1.6　イオン結合

最外殻に電子 1 個を持つリチウムは電子 1 個を失うことにより安定な希ガスの He と同じ電子配置となる．またフッ素は最外殻に電子 7 個を持つため，電子 1 個を得ると安定な希ガスの Ne と同じ電子配置となる．

電気陰性度の小さいリチウムは電子を失いリチウムイオン (カチオン・陽イオン) になり，電気陰性度の大きなフッ素は電子を獲得しフッ化物イオン (アニオン・陰イオン) となる．両者はフッ化リチウムとしてイオン結合している．イオン結合は電気陰性度の差がおおむね 1.7 以上ある場合に起こる結合である．イオン間は強い静電引力で引かれているためイオン結合性物質は融点が高く，溶融塩や水溶液は電気を導きやすい．

1.7　共有結合

水素原子は最外殻に電子を 1 個持っている．水素原子 2 個が結合するとその電子はどちらの電子と区別することなくお互いに共有する電子となる．

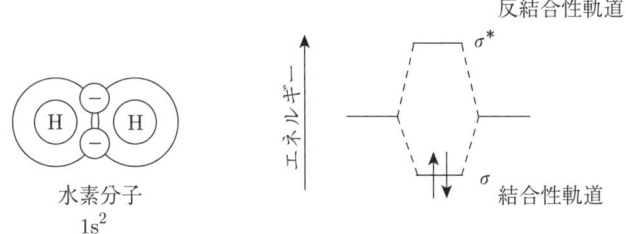

もともと不安定であったそれぞれの水素原子の 1s 軌道 2 個から新しくできた軌道 (結合性軌道) に電子を入れ，軌道を満たすことにより新しい水素分子の共有結合を作る．

例題 2

マグネシウム原子の電子状態を書きなさい．

[解答] マグネシウム原子は原子番号 12 である．
K殻の 1s 軌道電子 2 個で埋まり，次に 2s 軌道が電子 2 個，2p 軌道が電子 6 個で埋まり，L殻が閉殻構造をとる．2p 軌道の次にエネルギー順位の低い軌道が 3s 軌道であるので，3s に 2 個電子が入る．よって $1s^2 2s^2 2p_x^2 2p_y^2 2p_z^2 3s^2$ となる．

例題 3

アンモニア分子を電子表示式 (電子を点で表す方法) で示せ．

[解答] 電子表示式は原子–原子間の結合の様子と中心原子がオクテットを保っているかを確認するにはよい方法である．

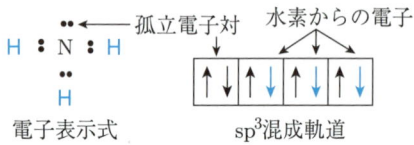

電子表示式を使うと窒素は水素 3 個と σ 結合を持ち，窒素の孤立電子対があり，オクテットを保っていることが明白にわかる．

〜〜 **問題** 〜〜〜〜〜〜〜〜〜〜〜〜〜〜〜〜〜〜〜〜〜〜〜〜〜〜〜〜〜〜〜〜〜

1.3 フッ素，ナトリウム，アルミニウムの電子状態を書きなさい．
またアルミニウムイオンは何価の陽イオンでどの原子の電子状態と等しいか．

1.4 次の化合物を例題 1.3 にならって電子表示式で示しなさい．
HCl (塩化水素)，H_2O (水)，SiH_4 (シラン)，PH_3 (ホスフィン)，H_2O_2 (過酸化水素)，BH_3 (ボラン)

1.8 炭素のσ結合

炭素原子の電子配置は $1s^2 2s^2 2p_x p_y$ である．この炭素が水素と共有結合してメタンを生成する場合，炭素は sp^3 混成軌道を作る．

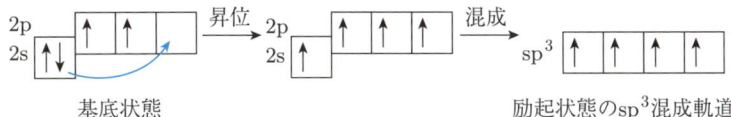

この結果，球状の 2s 軌道と亜鈴状の 2p 軌道が混成し正四面体型の構造をとる．

この炭素の sp^3 混成軌道と水素の 1s 軌道の間で共有結合（σ結合）を生成する．メタンではお互いの水素が等価であり，正四面体型の立体的に最も混みあわない角度 (109.5°) をとる．

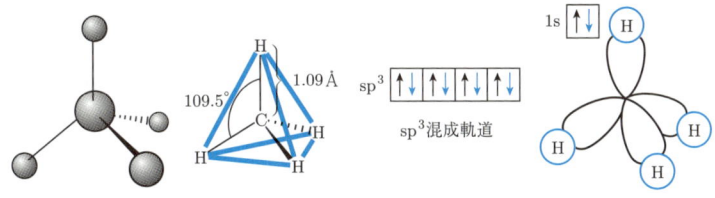

1.9 炭素のπ結合

エチレンでは sp^2 混成軌道をとるため，平面構造をとる．中心炭素は炭素，水素，水素とσ結合した後，エネルギー順位の高い $2p_z$ 軌道を残したまま平面構造をとる．

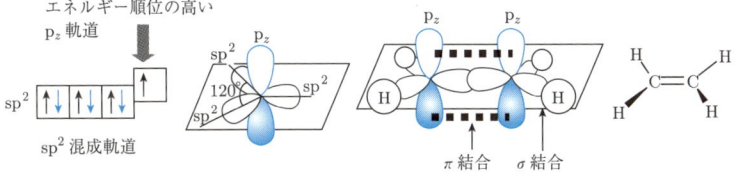

p_z 間の結合はπ結合と呼ばれ，エチレン分子の平面の上下に等しく電子雲が存在する．一般にこの結合を二重結合として表記する．

アセチレンでは sp 混成軌道を作り，直線状分子となる．一般にこの結合を三重結合として表記する．

例題 4

次の分子のうち色の付いた原子の混成軌道を書け．
NH₃　BF₃

解答　アンモニアの窒素は $1s^2 2s^2 2p_x 2p_y 2p_z$ の電子配置を持っている．

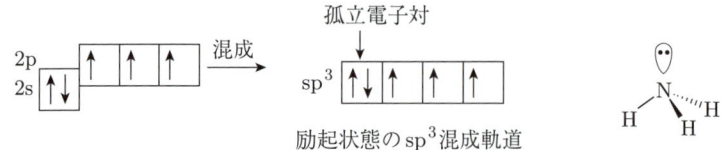

sp^3 混成軌道を形成すると，1 組の孤立電子対と 3 個の電子を有する．それぞれの電子は水素の 1s 軌道と σ 結合することより，メタン分子と似通った正四面体型構造をとる．中心原子である窒素は sp^3 混成軌道である．

三フッ化ホウ素の場合，ホウ素は $1s^2 2s^2 2p_x$ である．

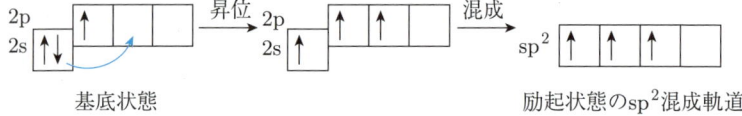

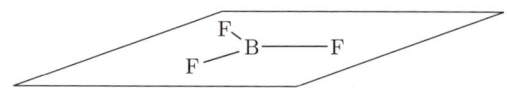

ホウ素にはもともと価電子が三つしかないため，混成軌道を形成しても sp^2 混成軌道しか作れない．sp^2 混成軌道は平面のため，三フッ化ホウ素は平面の正三角形型構造をとる．中心原子であるホウ素は sp^2 混成軌道である．

問題

1.5 次の分子のうち色の付いた原子の混成軌道を書け．
MgH₂，CO₂，PH₃

1.6 次の分子の構造をわかりやすく示せ．
CH₃CN，H₂C=C=CH₂

2 アルカン

2.1 アルカンとは

アルカンとは脂肪族飽和炭化水素の総称である．

2.2 有機化合物の命名法

1	メタン	methane	11	ウンデカン	undecane
2	エタン	ethane	12	ドデカン	dodecane
3	プロパン	propane	13	トリデカン	tridecane
4	ブタン	butane	14	テトラデカン	tetradecane
5	ペンタン	pentane	20	イコサン	icosane
6	ヘキサン	hexane	30	トリアコンタン	triacontane
7	ヘプタン	heptane	40	テトラコンタン	tetracontane
8	オクタン	octane	50	ペンタコンタン	pentacontane
9	ノナン	nonane	60	ヘキサコンタン	hexacontane
10	デカン	decane	100	ヘクタン	hectane

IUPAC 規約によるアルカンの命名法は次のようである．
(1) 炭素原子の最も長い直鎖を選び，これを母体炭素鎖とする．長さが等しければ分枝の多いものを選ぶ．
(2) 置換基の位置番号がなるべく小さい数になるように炭素鎖のどちらかから番号を付ける．
(3) 置換基の位置はそれが結合している炭素原子の番号とする．
(4) 置換基は母核の炭素鎖の名前の前に，アルファベット順に付ける．
(5) 同じ置換基が 2 個以上あるときは，その数により接頭語のジ (di = 2)，トリ (tri = 3)，テトラ (tetra = 4) などを用いる．

置換基は上記母体炭素骨格名の「ane」を「yl」に変える．methane は methyl 基，ethane は ethyl 基となる．

例題 1

次の化合物を命名せよ．

(1)
$$\begin{array}{c} \text{CH}_2\text{CH}_2\text{CH}_2\text{CH}_3 \\ | \\ \text{CH}_3\text{CH}_2\text{CHCH}_2\text{CHCH}_2\text{CH}_3 \\ | \\ \text{CH}_2\text{CH}_3 \end{array}$$

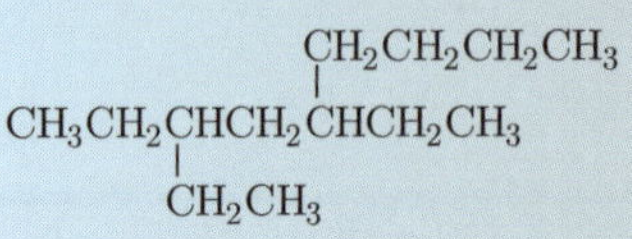

(2)
$$\begin{array}{c} \text{CH}_3 \qquad\qquad \text{CH}_3 \\ | \qquad\qquad\quad | \\ \text{CH}_3\text{CH}_2\text{CHCH}_2\text{CH}_2\text{CHCH}_3 \\ | \\ \text{CH}_2\text{CH}_3 \end{array}$$

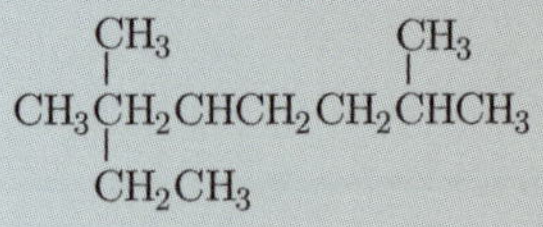

[解答] (1) まず主鎖を明らかにする必要がある．最長鎖は下図黒字の部分なので，青字が側鎖と考える．

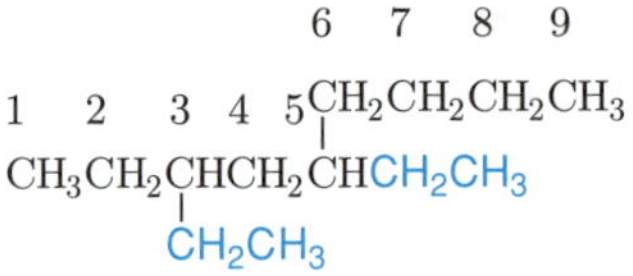

$$\begin{array}{c} \qquad\qquad\quad 6\quad 7\quad 8\quad 9 \\ 1\quad 2\quad 3\quad 4\quad 5\text{CH}_2\text{CH}_2\text{CH}_2\text{CH}_3 \\ | \\ \text{CH}_3\text{CH}_2\text{CHCH}_2\text{CHCH}_2\text{CH}_3 \\ | \\ \text{CH}_2\text{CH}_3 \end{array}$$

3位と5位にエチル基が二つ結合していると考えると 3,5-diethylnonane となる (5,7-diethylnonane は最初の枝分かれの位置番号が大きくなるから不可)．

(2) 一見主鎖にメチル基とエチル基があるように見えるが，主鎖は下図黒字のようになる．

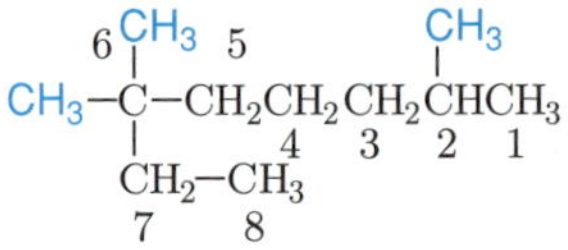

$$\begin{array}{c} \quad\; 6\text{CH}_3\; 5\qquad\qquad \text{CH}_3 \\ \quad\;\; |\qquad\qquad\qquad | \\ \text{CH}_3-\text{C}-\text{CH}_2\text{CH}_2\text{CH}_2\text{CHCH}_3 \\ \quad\;\; |\qquad\quad 4\quad 3\quad 2\quad 1 \\ \quad\;\; \text{CH}_2-\text{CH}_3 \\ \quad\;\; 7\qquad 8 \end{array}$$

メチル基は2位と，6位に二つ結合している．逆の位置番号を付けると3位と7位となるので，「位置番号は最初の枝分かれがより小さな番号とする」というルールに反するので，2,6,6-trimethyloctane となる．

問　題

2.1 次の化合物を命名せよ．

(1)
$$\begin{array}{c} \text{CH}_2\text{CH}_2\text{CH}_3 \\ | \\ \text{CH}_3\text{CH}_2\text{CHCHCH}_2\text{CH}_3 \\ | \\ \text{CH}_3 \end{array}$$

(2)
$$\begin{array}{c} \text{CH}_2\text{CH}_2\text{CH}_3 \\ | \\ \text{CH}_3\text{CHCH}_2\text{CH}_2\text{CHCH}_2\text{CH}_3 \\ | \\ \text{CH}_3 \end{array}$$

(3)
シクロヘキサン環に CH_3 と H_3C が結合した構造

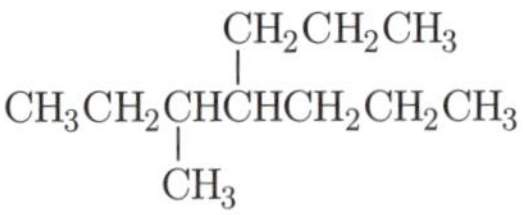

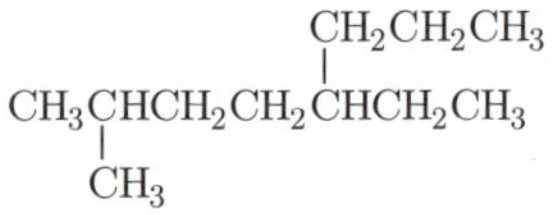

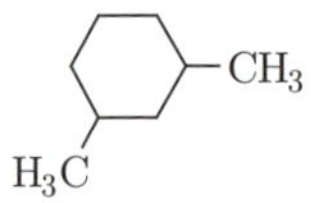

2.2 分子式 C_5H_{12} の異性体をすべて示せ．

2.3 アルカンの立体配座

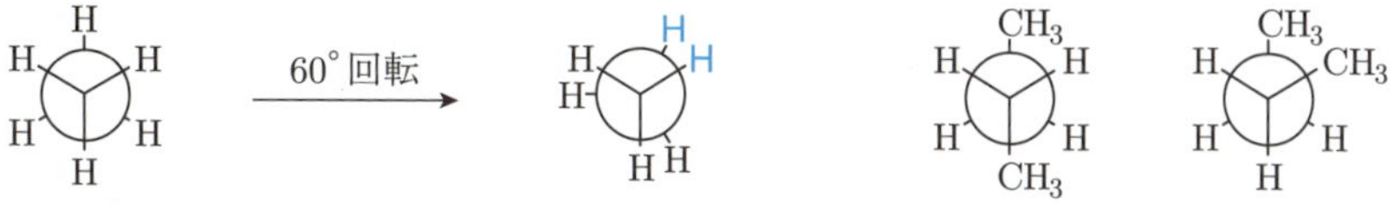

Newman 投影図による **ねじれ型**の配座 → 60°回転 → Newman 投影図による **重なり型**の配座

アンチ形　ゴーシュ形

ブタンの場合，同じねじれ型でもより**立体障害の少ない**アンチ形となる．

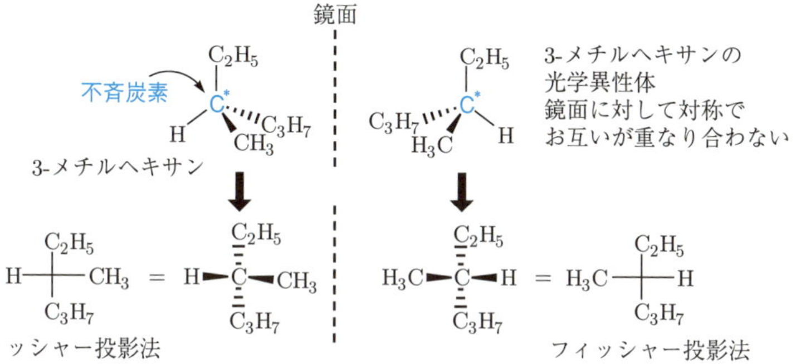

3-メチルヘキサン（不斉炭素）

3-メチルヘキサンの光学異性体 鏡面に対して対称でお互いが重なり合わない

フィッシャー投影法　　　　　　　フィッシャー投影法

この両者を記号で区別するため，Cahn-Ingold-Prelog (CIP) 順位規則を用い不斉炭素のまわりの官能基に順位を付けるのが一般的である．不斉炭素に結合している原子を優先順位に従い番号をつける．**原子番号がより大きい原子 (団) の優先順位**が高い．同じ元素からなる原子が結合していた場合，さらにその原子に結合する原子の原子番号の大きさで順位を決める．

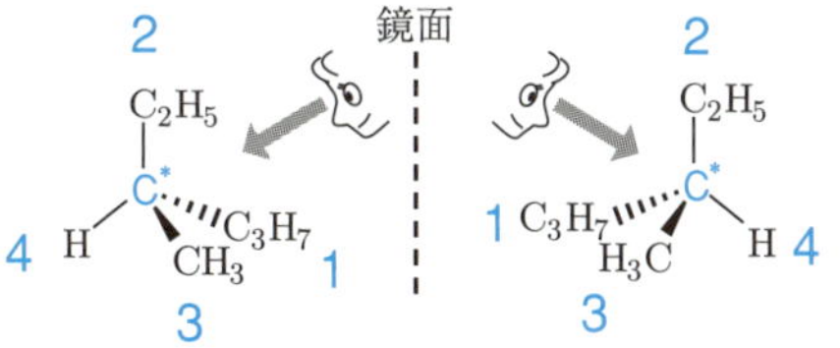

この例の場合，水素が最も順位が低く，次に炭素が結合しているメチル基，その炭素に水素以外の炭素が結合しているエチル基，そしてさらに炭素鎖が長いプロピル基は最も順位が上位である．4番目の水素の反対側 (矢印側) から炭素を見て，1 → 2 → 3 が**左回りなら S** (S：*sinister* 左回りの意味)，1 → 2 → 3 が**右回りなら R** (R：*Rectus* 右回りの意味) と呼ぶ．上記左図を (S)-3-メチルヘキサン，上記右図を (R)-3-メチルヘキサンと呼ぶ．

---例題 2---

次の化合物の構造式を書け．
　　2,4-dimethylhexane

[解答]　主鎖を書き，そこに指定された置換基を結合させていくだけなので，構造式から命名するより比較的容易である．

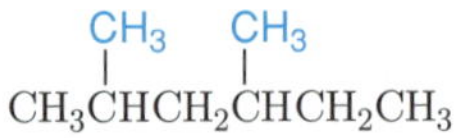

$$CH_3CHCH_2CHCH_2CH_3$$
　　　　|　　　|
　　　CH_3　CH_3

---例題 3---

ブタンの回転異性体を説明し，最も安定な状態と最も不安定な状態を示せ．

[解答]

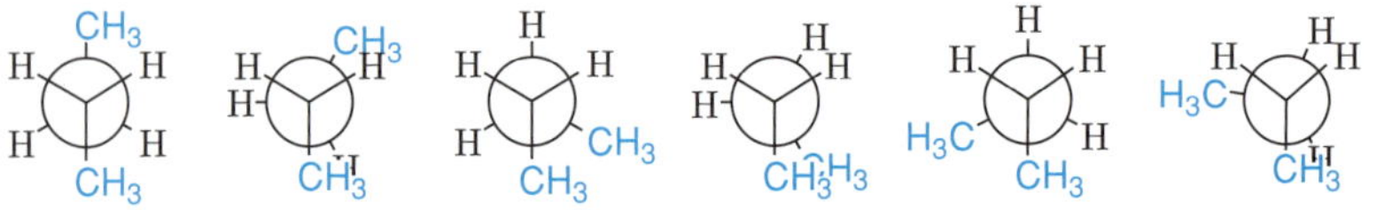

| アンチ型 | 重なり型 | ゴーシュ型 | 重なり型 | ゴーシュ型 | 重なり型 |
| 最も安定 | | | 最も不安定 | | |

アンチ型のブタンを初期位置として，後ろ側の炭素を 60 度ずつ右に回転させたものが上図である．すなわち，ゴーシュ型と重なり型が交互となるが，**メチル基どうしが最接近するものがメチル基の互いの立体反発のため最も不安定**となる (なお，後述のシクロヘキサン誘導体のいす形構造の場合には，他の部分の立体障害が大きい場合，アンチ型をとる場合よりゴーシュ型のほうが安定な場合もある)．

～～　問　題　～～～～～～～～～～～～～～～～～～～～～～～～～

2.3　1,2-ジクロロエタンの回転異性体を考え最も安定な構造と最も不安定な構造を示せ．

例題 4

次の化合物が R 体か S 体かを示せ．

(1)

(2)

フィッシャー投影法

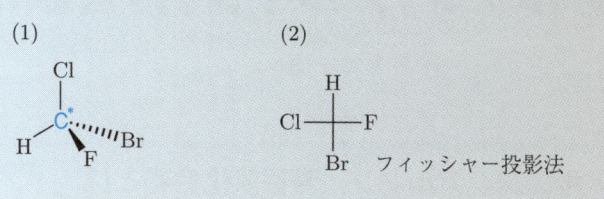

解答 この分子は不斉炭素のまわりに 4 種類の異なる置換基が付いているため，それぞれ光学活性物質であり，命名する際，光学異性体を示すため R 体 S 体を明記する必要がある．最も小さい水素原子が後ろになるような視点から見る必要がある．フィッシャー (Fischer) 投影法の場合，上下が紙面奥側，左右が紙面手前側と見る．すなわち

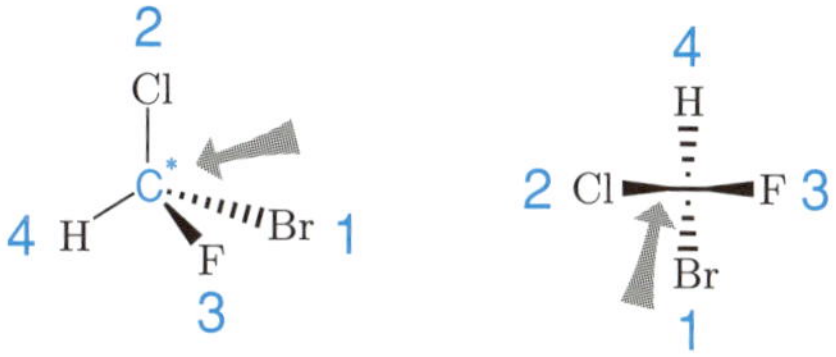

この角度から見た場合，4 位の水素が後ろ側に見るような位置となる．順位規則に従い原子番号の順に 1 位が Br，2 位が Cl，3 位が F となるので，それぞれ左回り，右回りとなる．すなわち (1) は S 体，(2) は R 体であることがわかる．

問　題

2.4 次の化合物が R 体か S 体かを示せ．

(1)

(2)

フィッシャー投影法

(3)

カルボキシル基

アミノ基

(4)

(5)

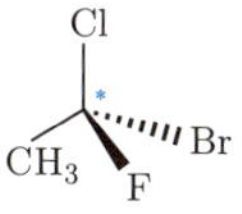

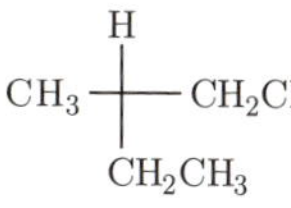

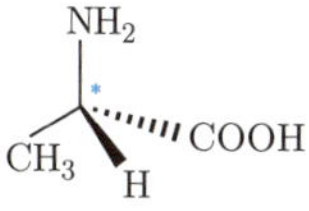

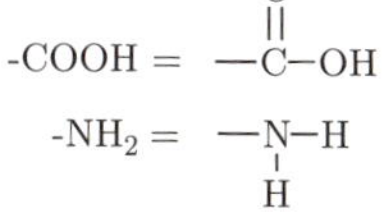

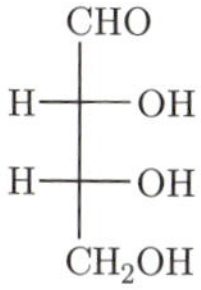

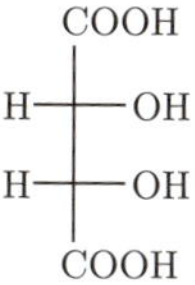

3 アルケン,アルキン,芳香族化合物

3.1 アルケン,アルキン,芳香族化合物とは

アルケンとは不飽和二重結合を有する炭化水素の総称である.
アルキンとは不飽和三重結合を有する炭化水素の総称である.
芳香族化合物とはベンゼンと似通った性質を示す,環状不飽和化合物の総称である.

3.2 アルケン,アルキン,芳香族化合物の命名法

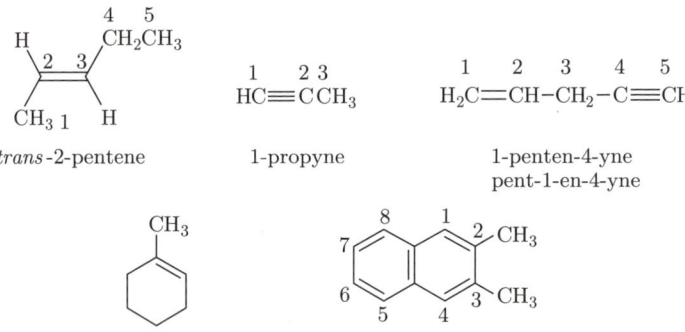

二重結合,三重結合を含む主鎖を選び,二重結合の番号はなるべく小さくなるようにする.二重結合の場合 -ane を -ene にし,三重結合の場合 -ane を -yne に変える.主鎖に二重結合と三重結合の両方存在し,同じ番号のときは -ene のほうを小さくする.

3.3 アルケン,アルキン,芳香族化合物の性質

アルケン,アルキン,芳香族にはそれぞれ不飽和結合があるため,π電子が豊富である.よって求電子試薬による求電子反応を起こす.アルケンおよびアルキンは一般に付加反応を起こし,芳香族化合物は一般に置換反応を起こす.これは求電子試薬の攻撃を受けた後,付加反応するより,プロトンが脱離し,形式的に芳香族置換反応生成物を与えたほうが,芳香族安定化エネルギーが確保され,有利であるためである.

3.3 アルケン，アルキン，芳香族化合物の性質

例題 1

次の化合物を命名せよ．

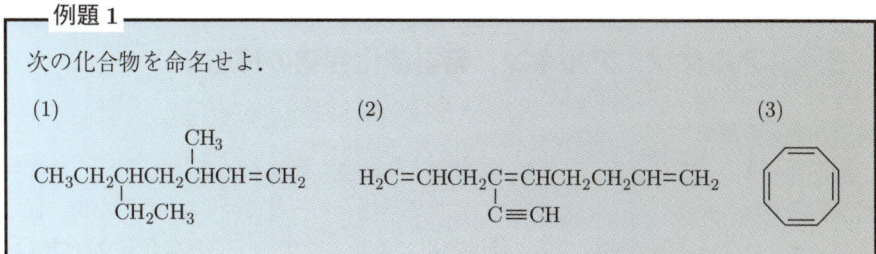

[解答] (1) 二重結合を含む直鎖状炭化水素は<u>二重結合と三重結合との総数が最多</u>の直鎖炭化水素を主鎖として命名する．

$$\underset{CH_2CH_3}{\underset{|}{CH_3CH_2\overset{5}{C}H\overset{4}{C}H_2\overset{3}{C}H\overset{CH_3}{\underset{|}{C}}H=\overset{1}{C}H_2}}$$
$$\overset{7\quad6\quad5\quad4\quad3\quad2\quad1}{}$$

番号は 2, 3 重結合が最小となるようにするので，この場合は 1 位にアルケンが来るように命名する．よって 5-ethyl-3-methylhept-1-ene となる．

(2) 主鎖は二重結合と三重結合との総和が最大となり，かつ炭素数が最大になるようにするため，

$$\underset{C\equiv CH}{\underset{|}{H_2\overset{1}{C}=\overset{2}{C}H\overset{3}{C}H_2\overset{4}{C}=\overset{5}{C}H\overset{6}{C}H_2\overset{7}{C}H_2\overset{8}{C}H=\overset{9}{C}H_2}}$$

となる．4 位に結合したアセチレン誘導体は ethynyl と置換基で表す．二重結合の位置は 1,4,8 である (1,5,8 としない)．よって 4-ethynylnona-1,4,8-triene となる．

(3) 環状のアルケンは cyclo (シクロ) で命名する．番号の付け方は直鎖炭化水素に準ずる．この物質は cycloocta-1,3,5,7-tetraene となる (なお，この物質は $[4n+2]\pi$ 系でないので芳香族ではない)．

問題

3.1 二重結合を一つ有する分子式 C_5H_{10} の化合物について可能なすべての異性体の構造式を示せ．また国際純正応用化学連合 (IUPAC) によって推奨されている各々の化合物名を記せ．
(京都工芸繊維大学工芸学科)

3.4 アルケン，アルキン，芳香族化合物の反応

●アルケンの反応

反応性の高い二重結合があるため，電子不足の試薬 (求電子試薬) と反応し，求電子付加反応を起こす．ハロゲン化水素の付加反応の場合，一般にマルコフニコフ則に従ってハロゲン化アルキルが生成する．硫酸触媒による水の付加反応の場合もマルコフニコフ則に従うアルコールを与えるが，ハイドロボレーションに引き続き過酸化水素による酸化を行った場合，アンチマルコフニコフ則に従ったアルコールを与える．

ハロゲンや水素の付加も起こす．

●アルキンの反応

アルケンと同様に求電子付加反応を起こすがその反応性はアルケンよりも高い．一般に二分子の求電子試薬と反応する．水和反応では一分子の水が付加した後，ケト-エノール互変異性を経てケトンまたはアルデヒドを生成する．

末端アルキンの $-C\equiv C-H$ のプロトンの酸性度は高く，アミドイオン ($^-NH_2$) やグリニャール試薬 (R-MgX) などの強塩基と反応させるとプロトンを奪われアセチリドアニオンとなる．

●共役ジエンの反応

電子が非局在化しているため，1,2-付加だけでなく，1,4-付加生成物も与える．

ディールス-アルダー反応により環化生成物を与える．

●芳香族化合物の反応

混酸 (濃硝酸と濃硫酸) によりニトロ化生成物を与える．ニトロ基など電子吸引性置換基が結合したベンゼンでは m-配向性なので m-ジニトロベンゼンを与える．メチル基など電子供与性置換基が結合したベンゼンでは o,p-配向性なので o-ニトロトルエンや p-ニトロトルエンなどを与える．

ルイス酸である無水塩化アルミニウム触媒下フリーデルクラフツ反応を起こす．酸ハロゲン化物とはフリーデルクラフツのアシル化反応，ハロゲン化アルキルとはフリーデルクラフツアルキル化反応を起こす．

ルイス酸存在下，ハロゲンとは芳香族求電子置換反応を起こす．

アニリン塩酸塩を 10 ℃ 以下で亜硝酸と反応させると塩化ベンゼンジアゾニウムを生じ，これはさまざまな求核試薬と反応し，芳香族求核置換反応を起こす．

例題 2

1-メチルシクロヘキセンへの水の付加反応において
(1) 硫酸付加の場合
(2) ハイドロボレーションと過酸化水素による酸化反応の場合

に分け，それぞれの生成物を立体配置がよくわかるように書け．

解答 (1) 硫酸付加の場合，求電子試薬として作用するのは硫酸中の電子不足のプロトン (H^+) である．1-メチルシクロヘキセンにプロトンが付加した場合，安定な三級カチオンを生成するように 2 位にプロトンが結合する．この三級カチオンに硫酸水素アニオンが結合する．

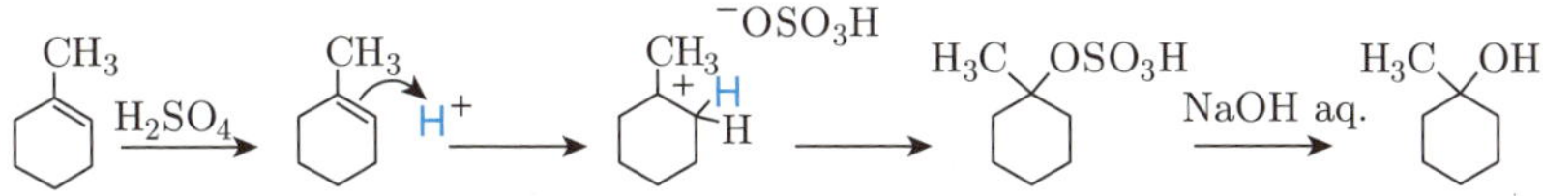

その後，アルカリで加水分解することにより 1-メチルシクロヘキサノールが得られる．

(2) ハイドロボレーションの場合はルイス酸であるホウ素が第三級カチオンを安定化させつつ，立体障害の少ない側に付加する．この際，四員環遷移状態を経由して反応が進行するため，付加したホウ素と水素は同じ側 (Syn) にくる．

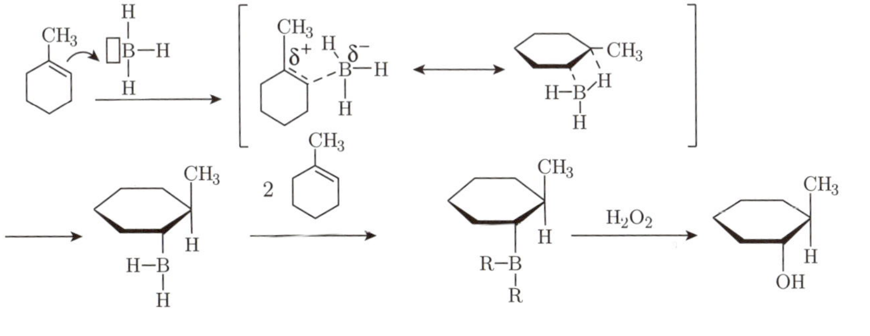

メチル基とホウ素は**トランス**の配置となるため最終生成物は *trans*-2-メチルシクロヘキサノールとなる．

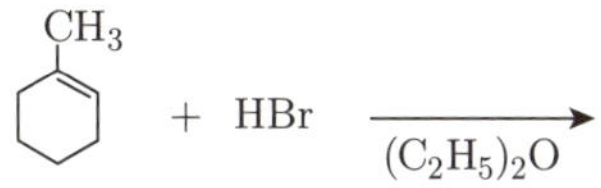

~~~~~~~~~~~~~~~~~~~~~~~~~~~~~~ 問題 ~~~~~~~~~~~~~~~~~~~~~~~~~~~~~~

3.2 次の生成物を書け．

(京都工芸繊維大学繊維学科)

例題 3

メチルアセチレン (プロピン) からアセトンを合成するにはどうすればよいか.

解答 アセチレンの三重結合にハロゲン化水素を付加させた場合，二分子のハロゲン化水素が付加する．アセチレンに水の付加反応を行った場合，1分子付加したところで生成するエノール体が，すぐにケト体に互変異性化するため，ハロゲン化水素のような2分子付加は起こらない．メチルアセチレンに硫酸付加を行った場合，2-ヒドロキシ-1-プロペンが生じこのエノールはすぐ互変異性 (tautomerism) してアセトンとなる．

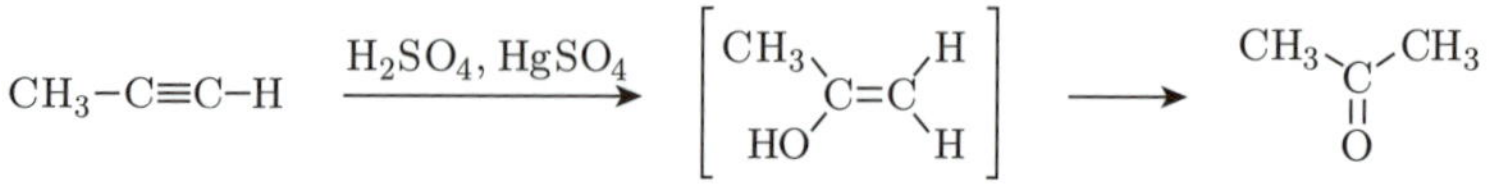

$$CH_3-C\equiv C-H \xrightarrow{H_2SO_4, HgSO_4} \left[\begin{array}{c}CH_3\\ C=C\\ HOH\end{array}\begin{array}{c}\\H\\ \\H\end{array}\right] \longrightarrow \begin{array}{c}CH_3CH_3\\C\\\|\\O\end{array}$$

　　　　　　　　　　　　　　　　　　エノール体　　　　　　　　　　アセトン

よって，メチルアセチレンに硫酸付加を行った場合，アセトンを生じる．

問題

3.3 エタン，エチレン，アセチレンを pK_a の小さい順 (酸性の強い順) に並べて，そのように判断した理由を述べよ． (奈良高等専門学校専攻科)

3.4 メチルアセチレンを原料に cis-2-ペンテンを合成したい．どのような経路で合成すればよいか．

3.5 次の反応により生成する化合物を示せ．

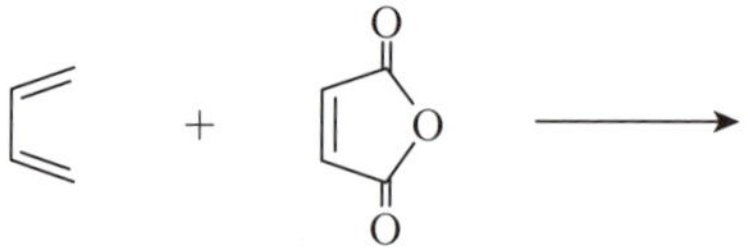

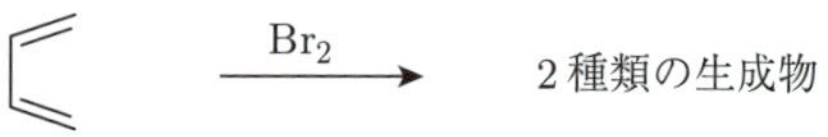

[構造式] + [無水マレイン酸] ⟶

[構造式] $\xrightarrow{Br_2}$ 2種類の生成物

3.4 アルケン，アルキン，芳香族化合物の反応

例題 4

ブロモベンゼンのニトロ化について答えよ．
(1) ベンゼンに比べブロモベンゼンの反応性は高いか低いか．
(2) ブロモベンゼンの求電子置換反応における配向性は何配向性か．

[解答] (1) 臭素はハロゲンであり水素に比べ電気陰性度が大きいため，ベンゼン環の電子密度を低下させる．求電子置換反応では芳香族の π 電子密度が濃いほど反応が活性なため，ブロモベンゼンはベンゼンに比べ反応性が低い．そのためより過酷な条件 (高温，長時間の反応) が必要となってくる．この置換基の効果を一般に 誘起効果 (Inductive effect，I 効果) と呼び，芳香族の 反応性を制御 する因子の一つとなる．

(2) ブロモベンゼンの臭素には孤立電子対が存在するため，この電子対が芳香族 π 共役系に関与する．すなわち

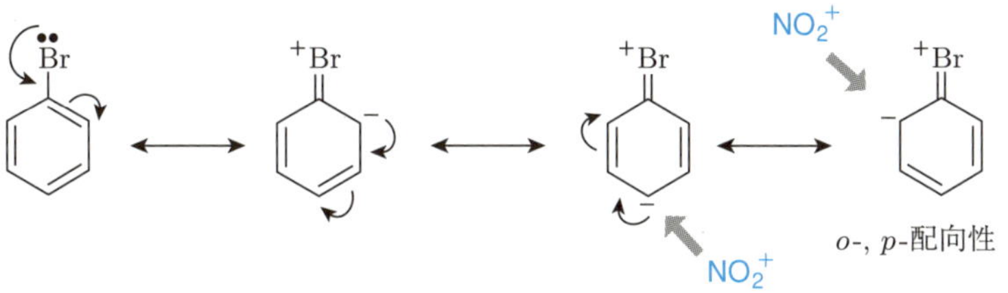

*o-, p-*配向性

臭素の孤立電子対はこのように芳香族に作用するため，求電子試薬の配向性を制御する．この置換基の効果を一般に 共鳴効果 (Resonance effect，R 効果) と呼び，求電子試薬に対する芳香族の 配向性を制御 する因子となる．フッ素，塩素，臭素，ヨウ素などのハロゲン置換基は誘起効果のためベンゼン環を不活性化するものの，共鳴効果のためオルト・パラ配向となる．

問題

3.6 ベンゼンを出発原料にプロピルベンゼンを効率よく合成する方法を提案せよ．

3.7 ニトロベンゼンからヨードベンゼンを合成したのち，マグネシウム，ヨードベンゼンの約半分の量の酢酸メチルを順次作用させ，化合物 A を合成した．ニトロベンゼンからヨードベンゼンを合成するのに必要な試剤を記せ (反応は一段階とは限らない)．また，生成物 A の構造式を示せ．

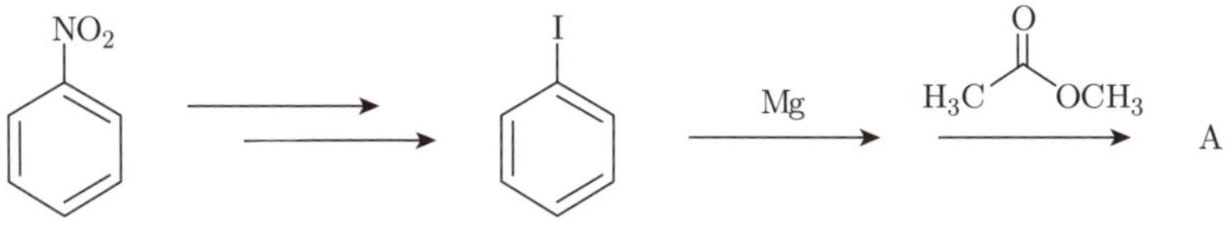

(東京工業大学，一部改変)

4 ハロゲン化アルキル

4.1 ハロゲン化アルキルとは

ハロゲン化アルキルとはアルカンの水素がハロゲンと置換したもの．

4.2 ハロゲン化アルキルの命名法

アルカンにハロゲンが置換した (置換命名法) 方法で命名するのが一般的である．

CHBr₂CH₂CHClCH₃
1,1-dibromo-3-chlorobutane

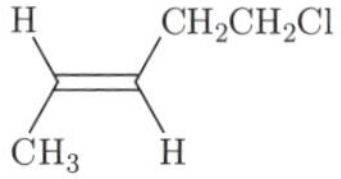

5-chloropent-2-ene

CH₂ClCH₂CH₂CH₂OH
4-chlorobutan-1-ol

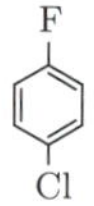

主鎖の選び方はアルカン，アルケンの場合を参照し，この母体化合物に置換したハロゲン (chloro, bromo 等) 名とその数と位置を示す．

1-chloro-4-fluorobenzene

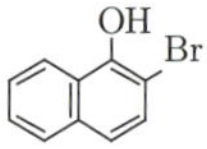

2-bromonaphthalen-1-ol
2-bromo-1-hydroxynaphthalene

ハロゲンはアルファベット順に書く (di, tri などの数詞は考えない)．順位規則では後述されるアルコールやアルデヒド，カルボン酸などに比べ，ハロゲンの順位は低い (上図：順位規則ではハロゲンよりアルコールが優先されるので **4-クロロブタン-1-オール** となる)．

4.3 ハロゲン化アルキルの性質

ハロゲンは電気陰性度が大きいため，C–X 結合の炭素は δ^+ に，ハロゲンは δ^- に分極している．そのため，ハロゲンは隣接する炭素の電子を吸引し，ハロゲンの α 水素の酸性度が上がり，^{1}H–NMR ではこの水素の化学シフトは低磁場シフトする．**塩化物，臭化物，ヨウ化物は求核試薬により求核攻撃を受け，ハロゲンはよい脱離基として作用する**．また強アルカリと処理することにより脱ハロゲン化水素を起こす．ハロゲン化アルキルはエーテル溶液中，マグネシウムと作用しハロゲン化アルキルマグネシウムとなり，求核試薬として作用する．この**グリニャール試薬は有機合成では極めて有用**である．

4.3 ハロゲン化アルキルの性質

例題 1

次の化合物を命名せよ．

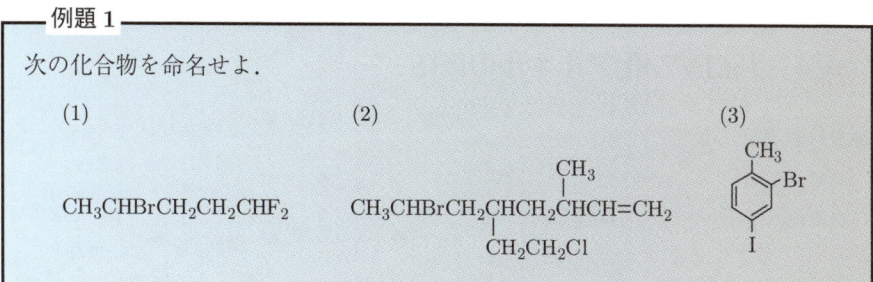

解答 (1) 主鎖はペンタンであるが，臭素とフッ素が2個結合している．ハロゲンの番号をなるべく小さくするように番号を付けると右から

$$\overset{5}{C}H_3\overset{4}{C}HBr\overset{3}{C}H_2\overset{2}{C}H_2\overset{1}{C}HF_2$$

となる．よってアルファベット順に bromo と fluoro を並べて

　　4-bromo-1,1-difluoropentane

と書く (2-ブロモ-5,5 ジフロロとはならない)．

(2) 主鎖はアルケンの二重結合が優先されるため 1-オクテンである．ここで番号は下に挙げるように自動的に決まる．ここにアルカンとハロアルカンの置換基が結合していると考えて，

$$\overset{8}{C}H_3\overset{7}{C}HBr\overset{6}{C}H_2\overset{5}{C}H\overset{4}{C}H_2\overset{3}{C}H\overset{2}{C}H=\overset{1}{C}H_2$$
　　　　　　　　　|　　　　　|
　　　　　　　CH_2CH_2Cl　　CH_3

3-メチルと 5-(2-クロロエチル) が結合しているので，

　　7-bromo-5-(2-chloroethyl)-3-methyloct-1-ene

となる．結合している置換基はアルファベット順に書く．

(3) これも 1-メチルベンゼンは決まっているため，

　　2-bromo-4-iodo-1-methylbenzene

となる (6-ブロモ-4-ヨードとはならない)．

問題

4.1 下記分子式で化合物の構造異性体をすべて記せ (構造式で)．また，その中に不斉炭素原子を含むものがあればその炭素原子を C* で示せ．

(1) $C_2H_2Br_2$

(2) $C_3H_6Cl_2$

(大阪大学工学部，一部改変)

4.4 ハロゲン化アルキルの反応

●求核試薬との反応

ハロゲン化アルキルのハロゲンはよい脱離基であるので，求核性を持った試薬と反応させると求核置換反応が進行する．

第 1 級のハロゲン化アルキルでは求核試薬はハロゲンの背面側を攻撃（S_N2 反応）し，この炭素まわりの立体は反転するが，第 3 級のハロゲン化アルキルでは先にハロゲンが脱離（S_N1 反応）し，カルボカチオンを経由するため立体はラセミ化する．

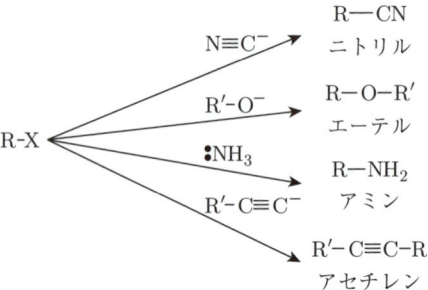

強アルカリ条件で反応させた場合，水酸化物イオンは求核試薬としても塩基としても作用するため，アルコール（S_N 反応）とアルケン（E 反応）の両方が生成する．

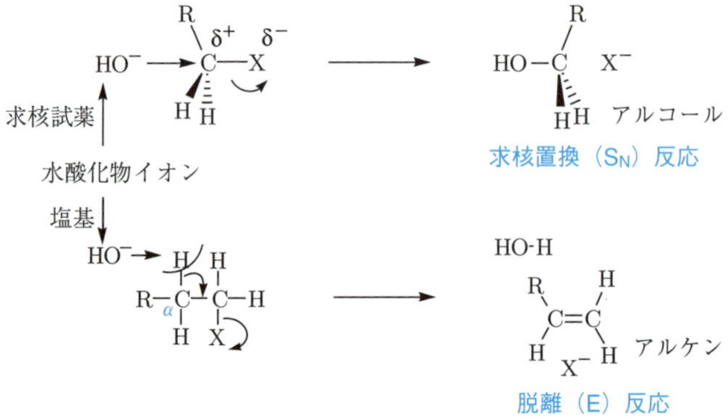

●マグネシウムとの反応

ハロゲン化アルキルとマグネシウムから得られるグリニャール試薬は種々の基質と反応し，有機合成上優れた試薬である．

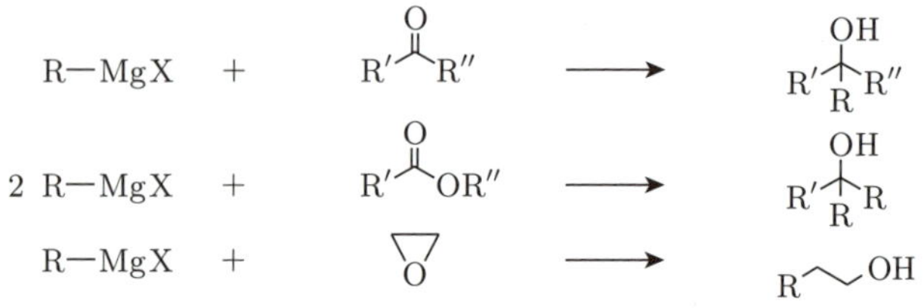

4.4 ハロゲン化アルキルの反応

例題 2

第一級，第二級，第三級のハロゲン化アルキルに求核試薬を作用させた場合，S_N1 反応で進行するか，S_N2 反応で進行するか説明せよ．また，その場合の反応速度，立体配置はどうなるのか．反応溶媒の極性はこの反応にどう作用するのか．

[解答] 一般に第一級ハロゲン化物は S_N2 反応で，第三級ハロゲン化物は S_N1 反応で進行しやすい．

S_N1 反応：第三級ハロゲン化物の C–X 結合はプロトン性溶媒などで自発的に解離し，安定な第三級のカルボカチオンとなる．このカチオンに求核試薬が作用するため反応速度は律則段階であるハロゲンの脱離に依存するため，ハロゲン化アルキルの濃度の一次反応 (S_N1) となる．sp^2 の平面に求核試薬が作用するため生成物はラセミ体となる．三級のカルボカチオンを 3 原子で安定化させるため，比較的極性の高い溶媒環境で進行しやすい．

S_N2 反応：ハロゲンの反対側から求核試薬が炭素を攻撃するため，より立体障害の少ない第一級ハロゲン化物で進行しやすい．求核試薬とハロゲン化物との衝突が律速段階となるので反応速度は二分子の濃度に依存し二次反応 (S_N2) となる．この反応はバルデン反転を伴うため，立体は反転する．律速段階では中心炭素のまわりに五つの原子が配置するため比較的無極性の溶媒環境で進行しやすい．

問題

4.2 プロピレンをある条件で塩素と反応させると，分子量 76.5 の化合物 A が得られた．化合物 A の元素分析を行ったところ，炭素および水素の含有量 (重量比) はそれぞれ 47.05％，6.53％であった．また，化合物 A を水酸化ナトリウム水溶液と反応させると，第 1 アルコールが得られた．この化合物 A の分子式と構造式を記せ．ただし，水素，炭素，塩素の原子量はそれぞれ 1, 12, 35.5 とする．(大阪大学基礎工学部，一部改変)

4.3 下の求核置換反応は S_N1 機構で進行する．この例を用いて S_N1 反応の反応機構を説明せよ．必要に応じて，基質，求核剤，反応速度，中間体，律速段階，などの用語を用いよ．

$$(CH_3)_3CBr + C_2H_5OH \rightarrow (CH_3)_3COC_2H_5 + HBr$$

(京都工芸繊維大学工芸学部)

例題 3

次の反応により生成する物質を書け

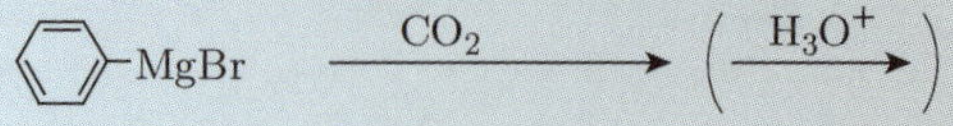

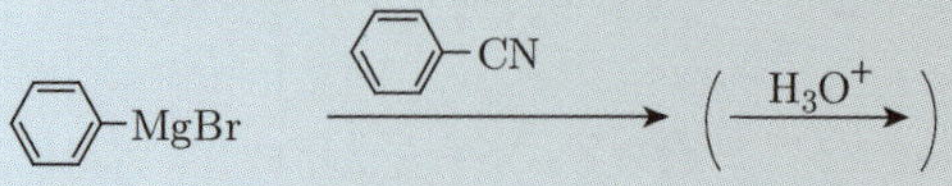

C₆H₅-MgBr $\xrightarrow{CO_2}$ ($\xrightarrow{H_3O^+}$)

C₆H₅-MgBr $\xrightarrow{C_6H_5-CN}$ ($\xrightarrow{H_3O^+}$)

解答 グリニャール試薬はアルキル基が δ^- にマグネシウムが δ^+ に分極していることを知っていれば二酸化炭素の炭素原子にフェニル基が求核攻撃し，安息香酸に導かれることがわかる．

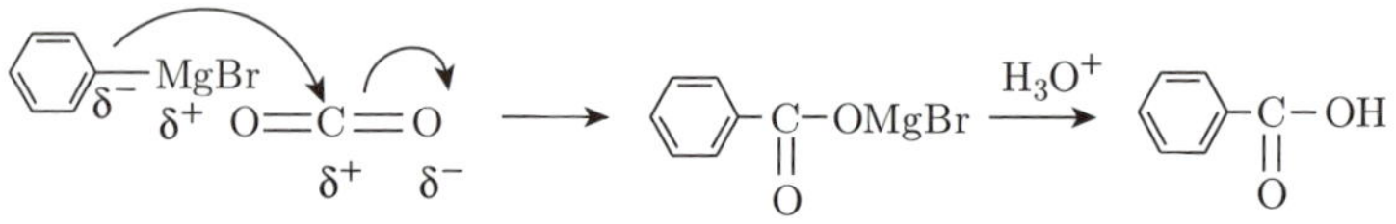

Ph(δ⁻)-MgBr(δ⁺) + O=C=O (δ⁺, δ⁻) → Ph-C(=O)-OMgBr $\xrightarrow{H_3O^+}$ Ph-C(=O)-OH

また，ニトリルの場合も同様に，

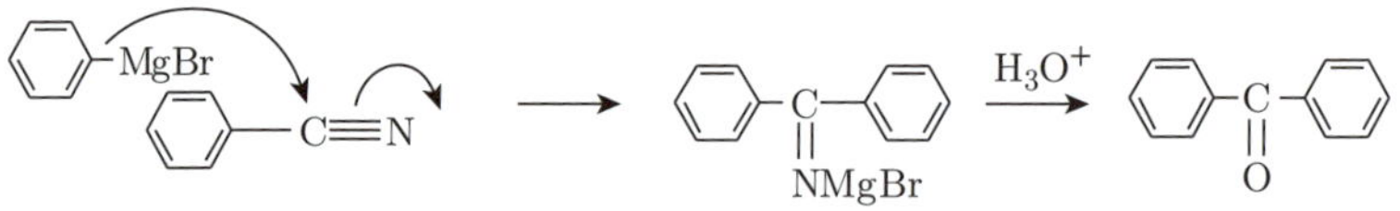

Ph-MgBr + Ph-C≡N → Ph-C(Ph)=NMgBr $\xrightarrow{H_3O^+}$ Ph-C(=O)-Ph

グリニャール試薬は電子不足となっている炭素を攻撃し，いったんイミン誘導体になるが，その後，酸による常法処理で加水分解されケトンになる．

問題

4.4 炭素数 7 以下の原料により，次の物質を合成する方法を示せ．

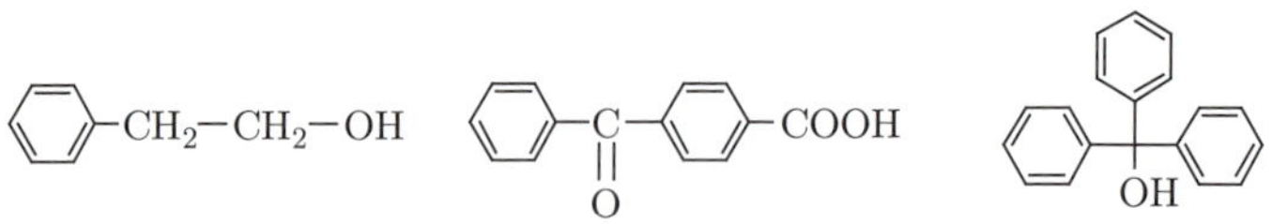

C₆H₅-CH₂-CH₂-OH   4-(C₆H₅-CO)-C₆H₄-COOH   (C₆H₅)₃C-OH

4.5 次の合成の方法について，必要な試薬および溶媒を示して説明せよ．

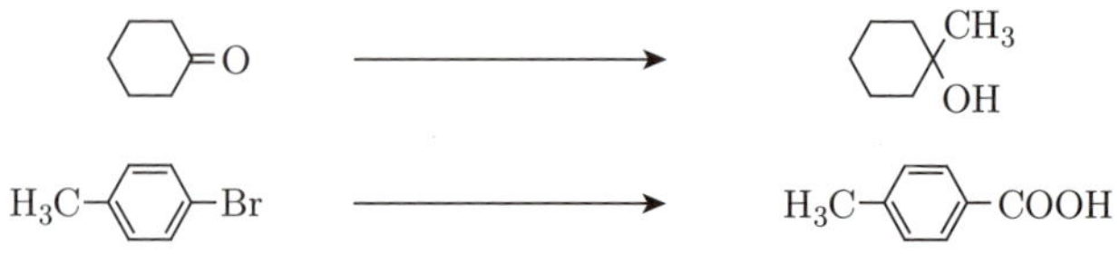

シクロヘキサノン → 1-メチルシクロヘキサノール

H₃C-C₆H₄-Br → H₃C-C₆H₄-COOH

(奈良高等専門学校専攻科，一部改変)

5 アルコールとエーテル

5.1 アルコールとエーテルとは

アルコールとはアルカンの水素がヒドロキシル基 (水酸基, −OH) と置換したもの. エーテルとは酸素の両側にアルキル基等が結合したものである.

5.2 アルコールとエーテルの命名法

アルコールはアルカンにヒドロキシル基が置換した (置換命名法) 方法で命名するのが一般的であり, ヒドロキシル基が結合した位置を示し, 語尾にオール (-ol) を付ける. 優先順位は比較的高い.

CH₂OHCH₂CHOHCH₃
butane-1,3-diol

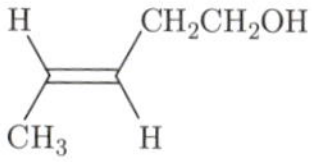

pent-3-en-1-ol

CH₂ClCH₂CH₂CH₂OH
4-chlorobutan-1-ol

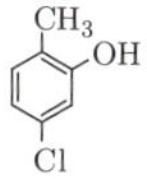

エーテルは単純な構造のものは慣用名でアルキル-アルキル エーテルと表記して構わないが, IUPAC ではアルコキシ-アルカンで命名する (慣用名としてまだに溶媒や添加物の多くに「グリ

5-chloro-2-methylphenol

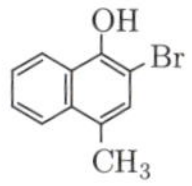

2-bromo-4-methylnaphthalen-1-ol

CH₃CH₂CH₂OCH₃
1-methoxypropane
methyl propyl ether

HOCH₂CH₂OCH₂CH₂OH
2-(2-hydroxy-ethoxy)-ethanol
(ジエチレングリコールは使わない)

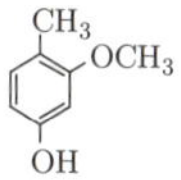

3-methoxy-4-methylphenol

コール」という命名が残っているが, エチレングリコール以外のグリコールは IUPAC では使ってはいけない).

5.3 アルコールやエーテルの性質

アルコールは水酸基の強い水素結合と極性のため, 極性が高い. エーテルはエーテルどうしでは水素結合しないが, 双極子モーメントがあり, 比較的極性が高い.

例題 1

次の化合物を命名せよ．

(1)

HOCH$_2$CHClCH$_2$CH$_2$CH$_2$OH

(2)

CH$_3$CHOHCH$_2$CHCH$_2$CHCH=CH$_2$
（CH$_3$ 上、CH$_2$CH$_3$ 下）

(3)

2-メチル, OH, OCH$_3$ のベンゼン環

[解答] (1) 主鎖はペンタンであるが，水酸基が 2 個，塩素が 1 個結合している．ハロゲンに比べ水酸基が順位規則により優先される．よって主鎖の pentane に chloro と diol が結合するため 2-chloropentane-1,5-diol (4-クロロペンタン-1,5-ジオールにはならない) と書く．

(2) 主鎖にはアルケンの二重結合があり，octene となる．しかし，**アルケンの位置に比べ水酸基の存在位置が優先**されるので，順位規則では水酸基の位置が最小となるように番号を付ける．また IUPAC 命名法では名前の最後に -ol を付ける．ここで番号は下に挙げるように自動的に決まる．

$$\underset{\underset{\text{CH}_2\text{CH}_3}{|}}{\overset{1\ \ 2\ \ \ \ \ 3\ \ \ \ 4\ \ 5\ \ \overset{\text{CH}_3}{\overset{|}{6}}\ \ 7\ \ 8}{\text{CH}_3\text{CHOHCH}_2\text{CHCH}_2\text{CHCH}=\text{CH}_2}}$$

結合しているアルキル置換基はアルファベット順に書く．よって

  4-ethyl-6-methyl-oct-7-en-2-ol

となる．

(3) ベンゼン骨格に水酸基が結合したものをフェノールと呼び，この名称が優先されるため，1-フェノールとなるように番号を付ける．

  5-methoxy-2-methylphenol

となる (3-メトキシ-6-メチルフェノールとはならない)．

問題

5.1 分子式 $C_4H_{10}O$ で表されるアルコールがある．考えられるすべてのアルコールの構造式を示すとともに，各々の化合物名を国際純正応用化学連合 (IUPAC) によって推奨されている命名法に従って記せ．なお，光学異性体は区別しないものとする．

(京都工芸繊維大学工芸学部)

5.4 アルコールとエーテルの反応

●アルコールの酸化反応

アルコールは酸化剤により酸化され，第一級アルコールはアルデヒドやカルボン酸に，第二級アルコールはケトンに酸化される．

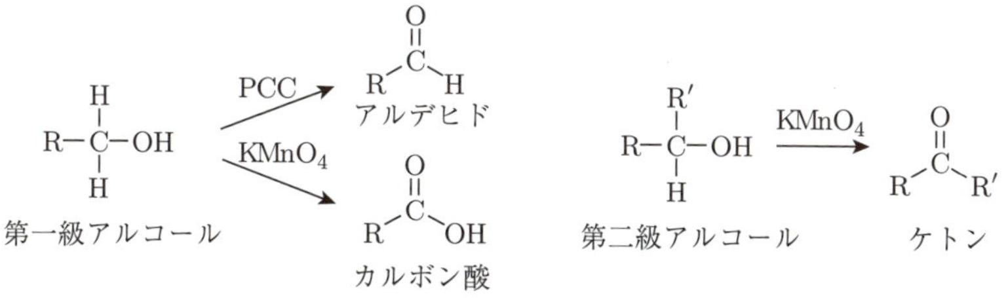

●アルコールとハロゲン化水素との反応

アルコールとハロゲン化水素との反応では，まずアルコールの酸素にプロトンが付加し，オキソニウム塩が生成する．**第一級**アルコールの場合では，ハロゲン化物イオンがオキソニウムイオンの背面を攻撃し S_N2 反応を起こす．**第三級**アルコールの場合では，先にオキソニウムイオンが水の形で脱離し，第三級のカルボカチオンを経由するため S_N1 反応で進行する．

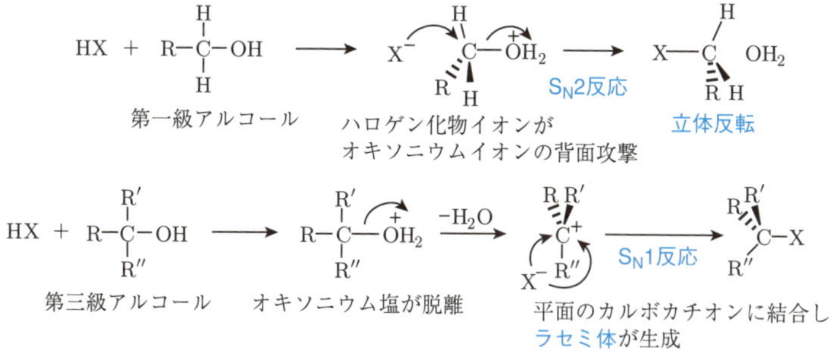

また，ハロゲン化物イオンが塩基として α 水素を攻撃した場合 **E2** 反応が進行し，アルケンが生成する．

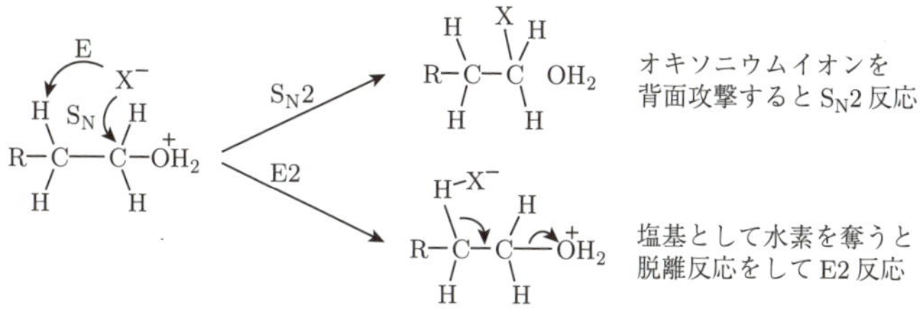

例題 2

1-methylcyclohexanol をリン酸とともに加熱すると 1-methylcyclohexene が生成する．この反応機構を示せ．またリン酸の代わりに塩酸ではこの反応は進行するか．

解答 1-メチルシクロヘキサノールは環状の第三級アルコールである．リン酸とともに加熱することによりオキソニウム塩を作り，脱水反応により 1-メチルシクロヘキセンとメチレンシクロヘキサンを生じる．

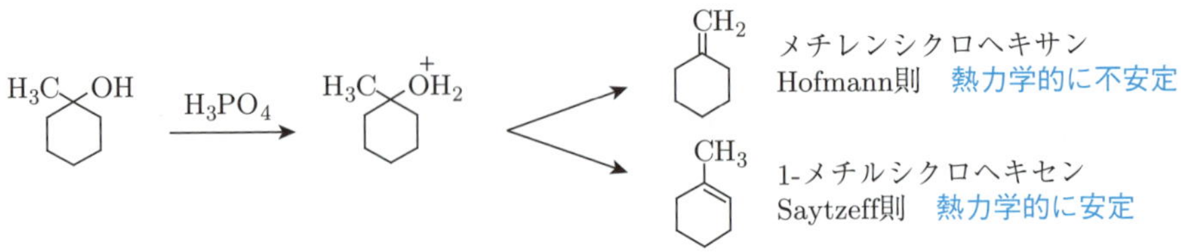

H_3C OH
H_3PO_4
H_3C $\overset{+}{O}H_2$
CH_2
メチレンシクロヘキサン
Hofmann則　熱力学的に不安定
CH_3
1-メチルシクロヘキセン
Saytzeff則　熱力学的に安定

この反応は平衡反応で生成する主生成物の 1-メチルシクロヘキセンを系外に出すために，蒸留フラスコを用いて行うのが一般的である．沸点の低い 1-メチルシクロヘキセンと脱水により生成する水が優先的に留出するため，不揮発性のリン酸は極めて都合のよい酸触媒である．

塩酸を使った場合，揮発性の塩化水素ガスも共に系外に出て，蒸留・単離されるはずのアルケンが留出後，その一部が再び酸触媒水和反応が起こり，再び原料に戻ってしまう可能性がある．また，アルケンに HCl が付加した生成物を与える可能性がある．

H_3C OH
HCl
Cl^-
H_3C $\overset{+}{O}H_2$
Cl^- CH_3
+
Cl CH_3

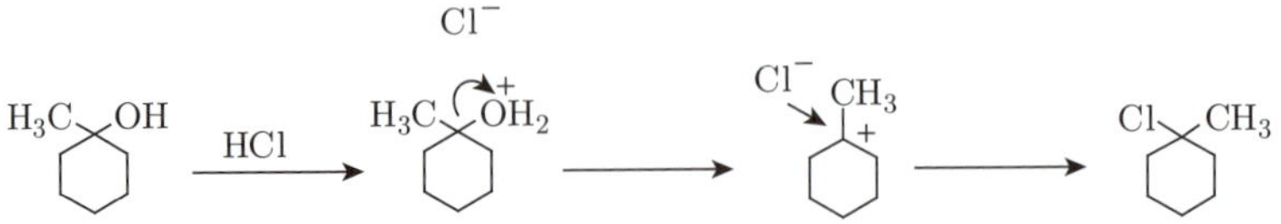

また，塩化物イオンは求核性があるため，反応フラスコ内で S_N1 反応を経由して同時に 1-クロロ-1-メチルシクロヘキサンが生成する．よって，塩酸を使った場合，1-メチルシクロヘキセンは得られるものの収率は悪くなると予想される．

問　題

5.2　次の反応により得られる化合物 (二つ) の構造式と化合物名を記せ．

(京都工芸繊維大学繊維学部)

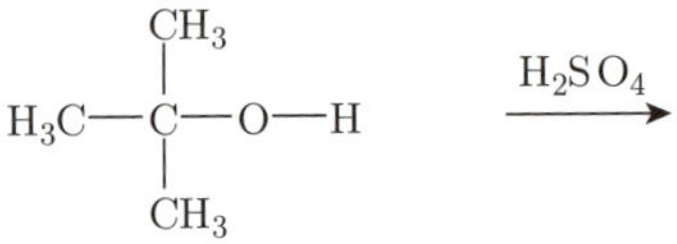

CH_3
H_3C—C—O—H
CH_3
H_2SO_4

5.4 アルコールとエーテルの反応

例題 3

次の三つの化合物を酸性度の高い順に並べよ．

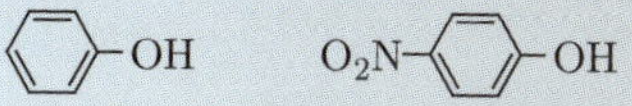

　　　　C$_6$H$_5$-OH　　　O$_2$N-C$_6$H$_4$-OH　　　CH$_3$-OH

[解答]　フェノールは和名を石炭酸と呼び，弱酸としての性質を示す．強い塩基 (水酸化ナトリウム水溶液など) によりプロトンを奪われ共役塩基のフェノキシドイオンとなる．フェノキシドイオンは芳香族上に電子が非局在化しておりフェノキシドイオンを安定化させている．メタノールは通常の塩基では水素を奪うことができず，アルカリ金属 (金属ナトリウムなど) と処理することにより水素ガスを発生させながらナトリウムメトキシドとなる．

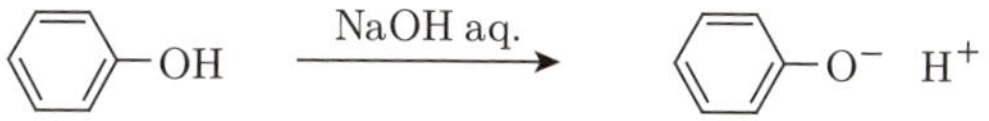

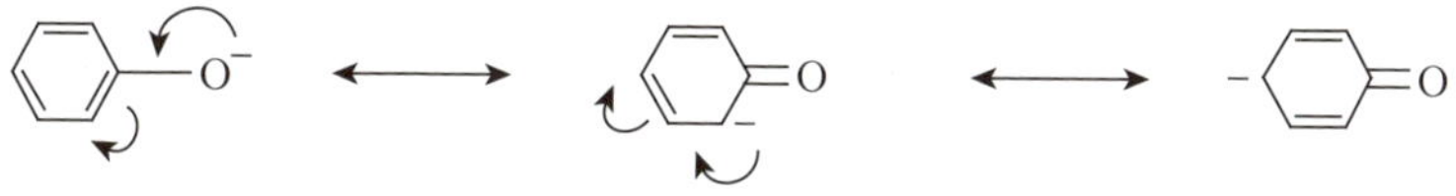

$$C_6H_5\text{-OH} \xrightarrow{\text{NaOH aq.}} C_6H_5\text{-O}^- \; H^+$$

（フェノキシドイオンの共鳴構造式）

$$CH_3\text{-OH} \xrightarrow{\text{Na}} CH_3\text{-O}^- \; Na^+ + 1/2 \, H_2$$

p-ニトロフェノールはパラ位に電子吸引性のニトロ基があるため，フェノキシドアニオンを安定化させるため，より酸性度が高くなる．よって

　　　p-ニトロフェノール ＞ フェノール ＞ メタノール

となる．

問題

5.3 次の塩基についてその塩基性が強い順に並べよ．a) H$_2$O の共役塩基の OH$^-$，b) メタノールの共役塩基の CH$_3$O$^-$，c) t-ブタノールの共役塩基の t-C$_4$H$_9$O$^-$，d) フェノールの共役塩基の C$_6$H$_5$O$^-$　　　　　　　　　　　　(大阪府立大学工学部)

5.4 塩素によるフェノールのモノクロル化で生じる陽イオン中間体について，考えられるすべての極限構造式を書け．これをもとにして，主な生成物が o-ならびに p-クロロフェノールである理由を説明せよ．　　　　(京都工芸繊維大学工芸学部)

例題 4

次の化合物の合成法を検討せよ

$$CH_3-\underset{\underset{CH_3}{|}}{\overset{\overset{CH_3}{|}}{C}}-O-CH_3$$

[解答] 左右非対称のエーテルなので単純なアルコールの脱水で作るのは困難である．そこでこのような非対称なエーテルは一般にウイリアムソンのエーテル合成法で合成する．その際，利用するアルコールとハロゲン化物の選択をよく検討する必要がある．

$$CH_3-\underset{\underset{CH_3}{|}}{\overset{\overset{CH_3}{|}}{C}}-O^- + CH_3-I \xrightarrow{S_N2 \text{反応}} CH_3-\underset{\underset{CH_3}{|}}{\overset{\overset{CH_3}{|}}{C}}-O-CH_3 + I^-$$

$$CH_3-O^- + H-\underset{\underset{H}{|}}{\overset{\overset{H}{|}}{C}}-\underset{\underset{CH_3}{|}}{\overset{\overset{CH_3}{|}}{C}}-Br \xrightarrow{E2 \text{反応}} CH_3-OH + H_2C=\underset{\underset{CH_3}{|}}{\overset{\overset{CH_3}{|}}{C}} + Br^-$$

メタノールと t-ブチルブロミドを基質として用いると t-ブチルブロミドの大きな立体障害のため背面攻撃が妨げられ，メトキシドが塩基として作用し，E2 反応により 2-メチルプロペンが生じる．t-ブチルアルコールとヨードメタンを基質として使うと S_N2 反応を経由して希望する t-ブチルメチルエーテルが得られる．

問題

5.5 2-ブロモ-2-メチルプロパンをメタノールに溶かすと 2-メトキシ-2-メチルプロパンと 2-メチルプロペンが生成した．二つの生成物は同じ中間体を経て生成する．この反応を反応式で示せ．また，中間体の構造を示してその機構を簡単に説明せよ． (大阪府立大学工学部)

5.6 プロピレンに硫酸を用いて炭素-炭素二重結合に水を付加させると，炭素の数が 3 つであるアルコール A が主生成物として得られた．さらに，このアルコールを酸化するとケトン B が得られた．このアルコール A とケトン B の構造式を記せ． (大阪大学基礎工学部)

6 アルデヒドとケトン

6.1 アルデヒドとケトンとは

アルデヒドとは分子内にアルデヒド基 (ホルミル基) –CHO を有する化合物
ケトンとはカルボニル基 C=O の両側にアルキル基またはアリール基が結合しているものの総称である．

6.2 アルデヒドとケトンの命名法

アルデヒドはアルデヒドの結合していない基本炭化水素骨格の名称の最後の-e の代わりにアール (-al) を付ける．ケトンではカルボニルになっている部位を数字で示し，その位置にオン (-one) を付ける．

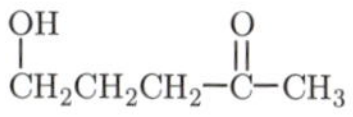

5-hydroxypentan-2-one

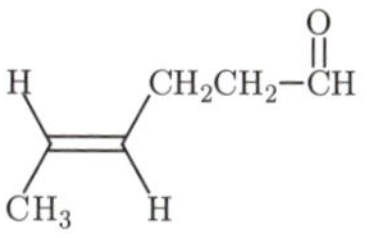

hex-4-enal

5-chloropentanal

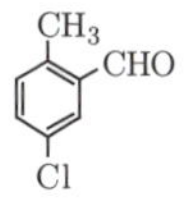

5-chloro-2-methylbenzaldehyde

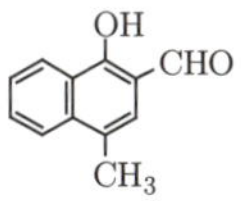

1-hydroxy-4-methylnaphthalene-2-carbaldehyde

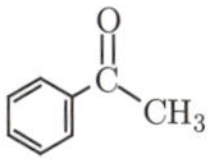

1-phenylethanone
(acetophenone, methyl phenyl ketone)

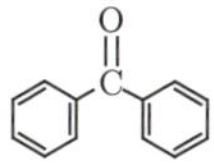

diphenylmethanone
(benzophenone, diphenyl ketone)

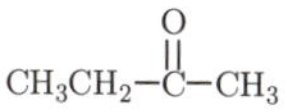

butan-2-one
(methyl ethyl ketone)

アルデヒド・ケトンの順位規則はかなり高位であり，これまでに出てきたハロゲン化物やアルコール，二重結合より優先される．複雑な化合物も IUPAC で命名可能であるが，アルデヒド・ケトンは合成原料や溶媒として工業的にも重要であり，これまで使われてきた慣用名もいまだに多く使われる (IUPAC ではアルファベット順にエチルメチルケトンが正しいが，実際のところ慣用的に「メチルエチルケトン」の名前が多く残っている)．

6 アルデヒドとケトン

例題 1

次の化合物を命名せよ．

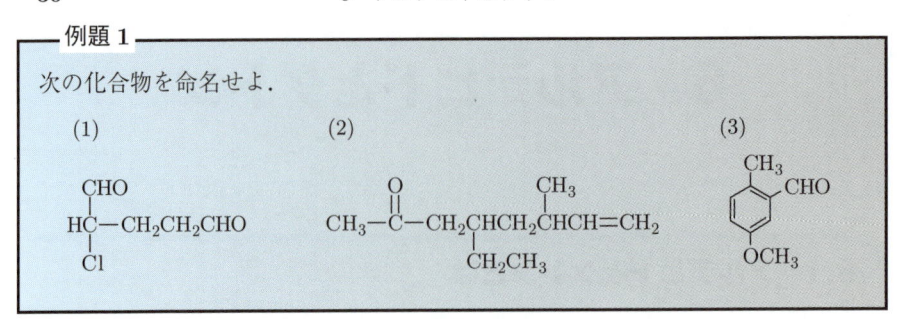

(1) HC(CHO)(Cl)—CH₂CH₂CHO

(2) CH₃—C(=O)—CH₂CH(CH₂CH₃)CH₂CH(CH₃)CH=CH₂

(3) 2-CH₃, 1-CHO, 4-OCH₃ ベンゼン

[解答] (1) 主鎖はペンタンであるが，ホルミル基(アルデヒド)が2個，塩素が1個結合している．ここでアルデヒドを考えた場合，アルデヒドは直鎖の末端にしか付かないので，dial にすればアルデヒドの部位が1位と5位であることが自動的にわかる(なおアルデヒドはハロゲンに比べ順位規則により優先される)．よって主鎖の pentane に chloro と dial が結合するため

    2-chloropentanedial

となる．

(2) 主鎖にはアルケンの二重結合があり，octene となる．しかし，この分子の場合，ケトンの位置が何よりも優先されるため，アルケンの二重結合の順位は下位となり 7-en-2-one となる．最後にアルカン名とその位置を示し，

    4-ethyl-6-methyloct-7-en-2-one

となる．

(3) アルデヒド原子団が環の炭素原子に直接付く場合，一般に -carbaldehyde を使うが，IUPAC でも呼称「ベンズアルデヒド」は認められている．ベンズアルデヒド誘導体として命名してよいとなっているため，これを使用する．1-ベンズアルデヒドとなるように番号を付け，methyl と methoxy を使い，全体として置換位置の番号が小さくなるように命名するため，

    5-methoxy-2-methylbenzaldehyde

となる (3-メトキシ-6-メチルベンズアルデヒドとはならない)．

問題

6.1 分子式 $C_6H_{10}O$ で表される物質がある．IR 測定により C=O (カルボニル) があり，この構造が五員環ケトンであることが確認されている．ここで考えられるすべての物質の構造式を示すとともに，各々の化合物名を国際純正応用化学連合(IUPAC)によって推奨されている命名法に従って記せ．なお，光学異性体は区別しないものとする．

6.3 アルデヒドやケトンの性質

電子的に偏りの強い C=O (カルボニル基) を持つため，カルボニル炭素が求核試薬により攻撃を受ける．立体的にも電子的にもアルデヒドのほうがケトンよりも反応性が高い．また α 位の炭素の酸性度が高く，塩基により水素が奪われ，エノラートアニオンを形成する．

6.4 アルデヒドとケトンの反応

● アルデヒド・ケトンの酸化還元反応
アルデヒドは酸化剤によりカルボン酸に酸化される．アルデヒドは還元剤により第一級アルコールに，ケトンは第二級アルコールに還元される．強力な還元剤によりアルカンにまで還元されることもある．

● カルボニル炭素への求核反応
グリニャール試薬により，カルボニル炭素にアルキル基やアリール基が導入される．アルデヒドからは第二級アルコールが，ケトンからは第三級アルコールができる．グリニャール反応は骨格構築反応として有機合成上極めて重要である．
　α 水素を持つカルボニル化合物は塩基により α 水素が奪われ，エノラートアニオンを生じる．カルボニル炭素はエノラートアニオンの攻撃を受け，アルドール縮合を起こす．強アルカリ中ではさらに脱水反応が進行し不飽和ケトンや不飽和アルデヒドが生じる．
　アミンからはイミンが，ヒドロキシルアミンからはオキシムが，ニトリルからはシアンヒドリンが生じる．
　アルコールと反応しヘミアセタールやアセタールを生じる．
　リンイリドを用いるとウィッティッヒ反応によりベタインを経由してアルケンを生じる．
　α 水素を持たないアルデヒドは強塩基との強熱によりカニッツァロ反応を起こし，アルコールとカルボン酸へ不均化が起こる．

● α, β 不飽和カルボニル化合物と求核試薬との反応
　α, β 不飽和カルボニル化合物は π 電子が非局在化しており，カルボニル炭素だけでなく，β 位の炭素も $δ^+$ 性を帯びている．よって求核試薬は α, β 不飽和カルボニル化合物のカルボニル炭素だけではなく β 位を攻撃 (マイケル反応) した生成物も与える．

例題 2

シクロヘキサノンと次の試薬により生成するものを書け．
(1) ヒドロキシルアミン　(2) ヨウ化メチルマグネシウム

解答 (1) ヒドロキシルアミンは窒素の求核性が高く，カルボニル炭素を攻撃した後，脱水を伴い，オキシムとなる．

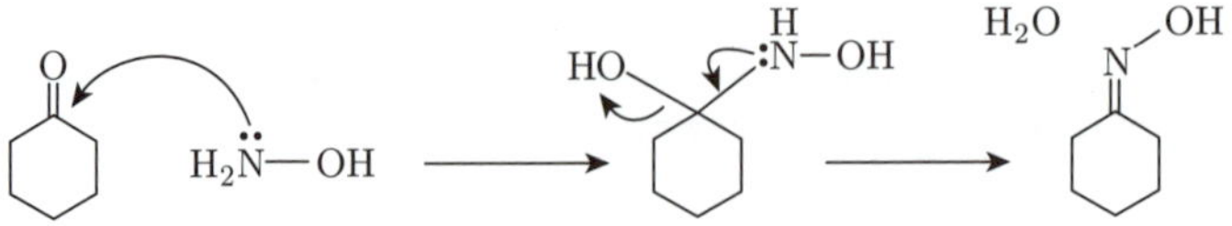

シクロヘキサノンオキシム

このシクロヘキサノンオキシムは次にベックマン転移を行うことにより ε-カプロラクタムに誘導でき，高分子のナイロン6の原料になる．工業的に有用な中間体である．

(2) メチル基の導入反応にはヨウ化メチルを出発原料とするヨウ化メチルマグネシウムを利用することが多い (臭化メチルは常温では気体で取り扱いが困難なため).

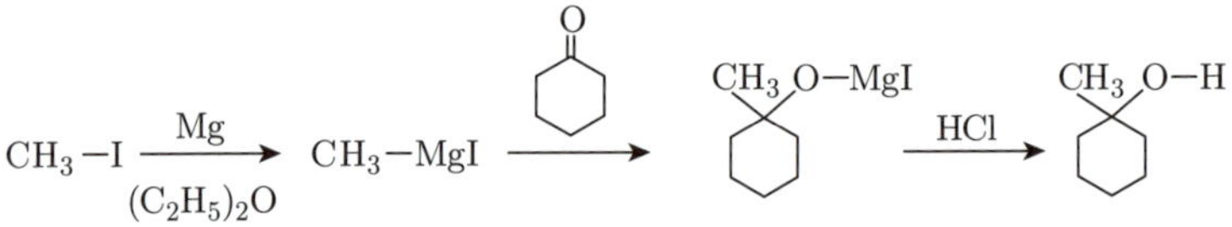

グリニャール試薬の後処理には一般に希塩酸を用い，マグネシウム塩酸塩の形で水層へマグネシウムを抽出する (生成物が反応性の高い第三級アルコールのため，あまり濃い塩酸を用いると 1-クロロメチルシクロヘキサンができる場合がある).

1-methylcyclohexanol が得られる．

問題

6.2 次の反応により得られる物質は何か．

$$CH_3-CH_2-CH_2-\underset{\underset{}{\overset{O}{\|}}}{C}-CH_3 \xrightarrow{CH_3-MgI} \xrightarrow{H_2O}$$

(大阪府立大学工学部)

6.4 アルデヒドとケトンの反応

例題 3

アセトンに 2 倍量のベンズアルデヒドを加え，水酸化ナトリウムのエタノール溶液を加え撹拌したところ黄色結晶が得られた．この物質は何か．

[解答] アセトンはアルカリ溶液中，塩基により α 水素を奪われ，エノラートアニオンとなる．ベンズアルデヒドは α 水素がないため，塩基は α 水素を引き抜くことができない．

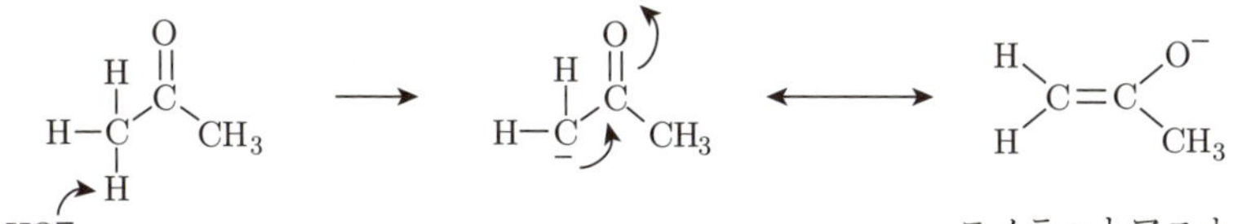

エノラートアニオンは求核試薬として働き，カルボニル炭素を攻撃する．この反応溶液中には，カルボニル炭素としてアセトンとベンズアルデヒドがある．一般にアルキル基は電子供与性の働きがあるため，<u>アルデヒドとケトンではカルボニル炭素の δ^+ 性はアルデヒドのほうが高い</u>（また求核攻撃される場合の立体障害も小さい）．よって，ベンズアルデヒドは基質専用として働き<u>交差アルドール縮合</u>が都合よく進行する．

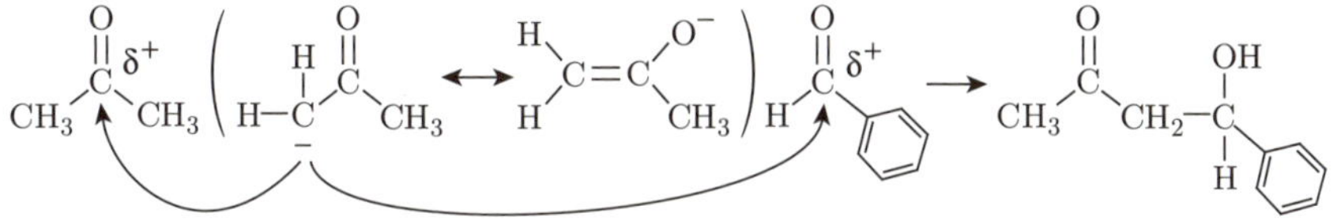

ベンズアルデヒドが 2 倍量あり，反応溶液が強アルカリ性であった場合，さらに脱離反応が進行し，

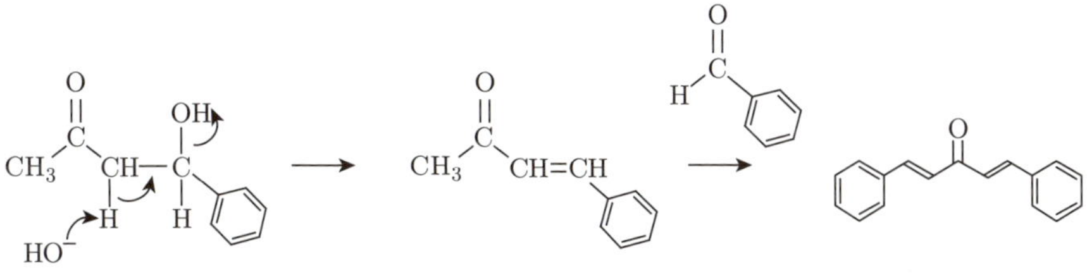

ジベンザルアセトンを生じる．芳香族からケトンまで共役系が伸びており，紫外部だけではなく可視光領域の光を吸収するため黄色結晶となる．

～～～ **問題** ～～～

6.3 アセトンを強塩基で処理した場合，得られる物質は何か．

例題 4

アセトフェノンを水素化リチウムアルミニウムで還元すると生成する化合物は何か．またヒドラジンと強アルカリ溶液中加熱して得られる物質は何か．

[解答] どちらも，ケトンの代表的な還元反応であるが，水素化リチウムアルミニウムを用いるとアルコールに，ウォルフ-キッシュナー法で還元するとアルカンまで還元される．それぞれ 1-フェニルエタノールとエチルベンゼンが生成する．

$$\text{C}_6\text{H}_5\text{COCH}_3 \xrightarrow[(\text{C}_2\text{H}_5)_2\text{O}]{\text{LiAlH}_4} \text{C}_6\text{H}_5\text{CH(OH)CH}_3$$

$$\text{C}_6\text{H}_5\text{COCH}_3 \xrightarrow[\substack{\text{NaOH}\\ \text{HOCH}_2\text{CH}_2\text{OCH}_2\text{CH}_2\text{OH}}]{\text{NH}_2\text{NH}_2} \text{C}_6\text{H}_5\text{CH}_2\text{CH}_3$$

問題

6.4 試薬棚から「アルデヒド」とだけ記されたラベルが貼ってある古い試薬瓶を見つけた．これがどんなアルデヒドかを調べるために次のような操作を行った．

(操作 A) まず，瓶中の試薬をエーテルに溶解し，5％炭酸水素ナトリウム水溶液を加え分液漏斗中でよく振り混ぜた後に分液した．

(操作 B) エーテル層に含まれる成分を蒸留した後に，フェーリング液を加えると赤色沈殿を生じ，アルデヒドであることが確認された．

(操作 C) 次にアルデヒドの一部を完全に燃焼させて，組成を調べたところ $C:H:O = 0.80:0.067:0.133$ となった．また，別途分子量を測定したところ，120 であった．

(操作 D) さらにこのアルデヒドを強力な酸化剤で酸化すると，融点が 234℃ のフタル酸が得られ，さらにこれを単離したのちに，加熱すると融点が 132℃ の化合物 X (分子量 148) が得られた．

(1) 操作 A で分液する際，エーテルの層は水の層の上になるか下になるか．
(2) 操作 A では，初期に激しい発泡が観察された．どのように不純物を除去しようとしているのか，簡単に説明せよ．
(3) 操作 B で得られた赤色沈殿の化合物名あるいは化学式を記せ．
(4) 操作 C によって判明したアルデヒドの組成式を示せ．
(5) 操作 C および操作 D によって判明したアルデヒドの構造式を記せ．
(6) 操作 D によって，最終的に得られた化合物 X の構造式を記せ．

(九州大学工学部)

6.4 アルデヒドとケトンの反応

例題 5

次の反応により生成する物質を書け

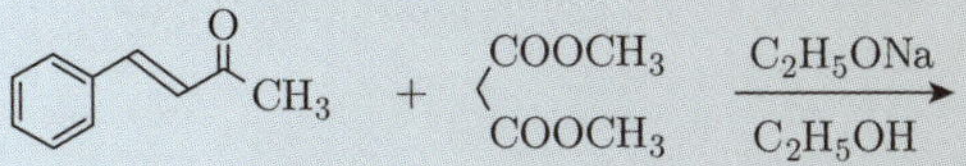

PhCH=CH-CO-CH₃ + CH₂(COOCH₃)₂ →[C₂H₅OH][C₂H₅ONa]

[解答] マロン酸ジエチルエステルのような<u>二つの電子吸引性基に挟まれたメチレンを活性メチレン</u>と呼ぶ．活性メチレンはナトリウムエトキシドなどにより容易にプロトンを奪われ，

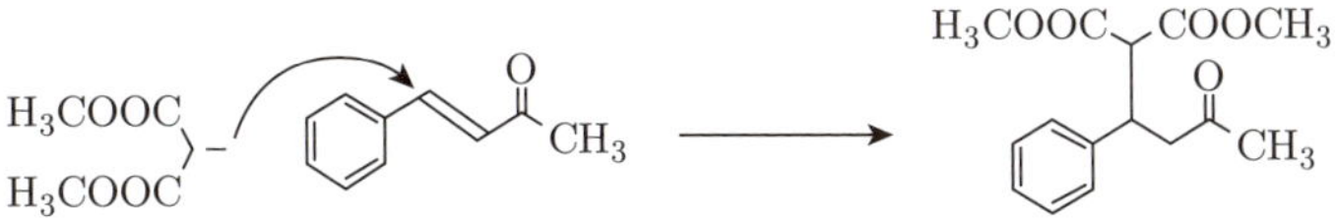

(H₃COOC)₂CH⁻ + PhCH=CH-CO-CH₃ ⟶ Ph-CH(CH(COOCH₃)₂)-CH₂-CO-CH₃

α, β 不飽和ケトンの β 位を攻撃する．結果的にはマイケル付加 (1,4 付加) し，上記のような物質が得られる．

≈≈ **問　題** ≈≈≈≈≈≈≈≈≈≈≈≈≈≈≈≈≈≈≈≈≈≈≈≈≈≈≈≈≈

6.5 次の反応の主生成物の構造を書け．

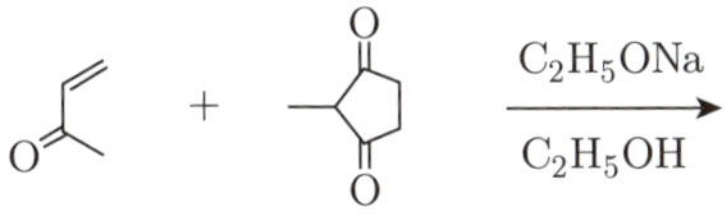

CH₂=CH-CO-CH₃ + (2-メチル-1,3-シクロペンタンジオン) →[C₂H₅OH][C₂H₅ONa]

(大阪府立大学総合科学科)

6.6 次の反応で得られる反応生成物を記せ．

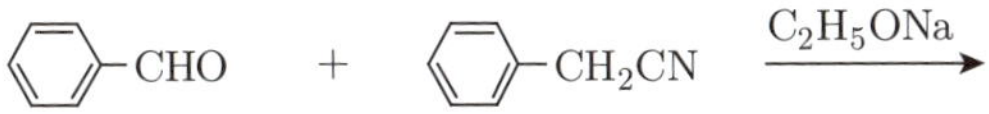

PhCHO + PhCH₂CN →[C₂H₅ONa]

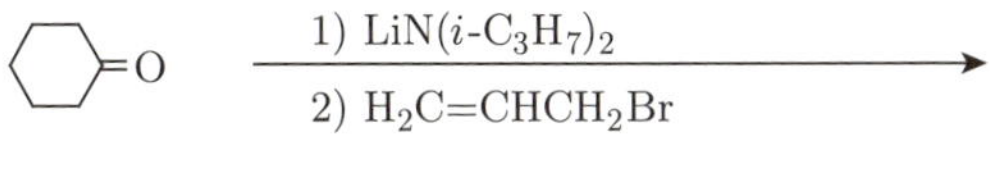

シクロヘキサノン →[1) LiN(i-C₃H₇)₂][2) H₂C=CHCH₂Br]

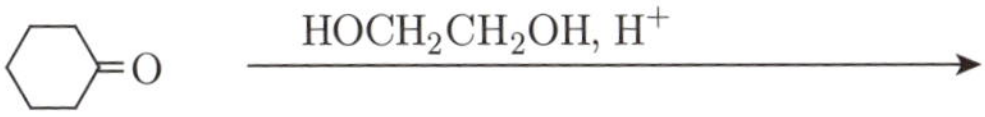

シクロヘキサノン →[HOCH₂CH₂OH, H⁺]

PhMgBr + CH₃CHO →[1) (C₂H₅)₂O][2) H⁺]

(奈良高等専門学校専攻科，一部改変)

7 カルボン酸とその誘導体

7.1 カルボン酸とその誘導体とは

カルボン酸とはカルボキシル基 (−COOH) を有する有機化合物．カルボン酸誘導体とはカルボキシル基の−OH がハロゲン (酸ハロゲン化物)，−OCOR (酸無水物)，アルコール (エステル)，アミン (アミド) に置換した物質である．広義にはニトリルもカルボン酸誘導体に入る．

7.2 カルボン酸の命名法

	慣用名	IUPAC 名
H−COOH	ギ酸 formic acid	メタン酸 methanoic acid
CH$_3$−COOH	酢酸 acetic acid	エタン酸 ethanoic acid
CH$_3$−CH$_2$−COOH	プロピオン酸 propionic acid	プロパン酸 propanoic acid
CH$_3$−(CH$_2$)$_2$−COOH	酪酸 butyric acid	ブタン酸 butanoic acid
CH$_3$−(CH$_2$)$_3$−COOH	吉草酸 valeric acid	ペンタン酸 pentanoic acid
CH$_3$−(CH$_2$)$_4$−COOH	カプロン酸 caproic acid	ヘキサン酸 hexanoic acid
HOOC−COOH	シュウ酸 oxalic acid	エタン二酸 ethanedioic acid
HOOC−CH$_2$−COOH	マロン酸 malonic acid	プロパン二酸 propanedioic acid

IUPAC 命名法ではカルボキシル基は優先順位が高いためカルボキシル基を 1 位と置くことが多い．カルボン酸では慣用名も古くから使われているため，IUPAC 規則でも IUPAC 名ではなく慣用名を推奨する命名が多い．

7.2 カルボン酸の命名法

例題 1

次の化合物を命名せよ．

$$CH_3-CH_2-CH(C_6H_5)-CH(CH_3)-COOH$$

$$CH_3-CH(Cl)-CH_2-C(CH_3)(OH)-COOH$$

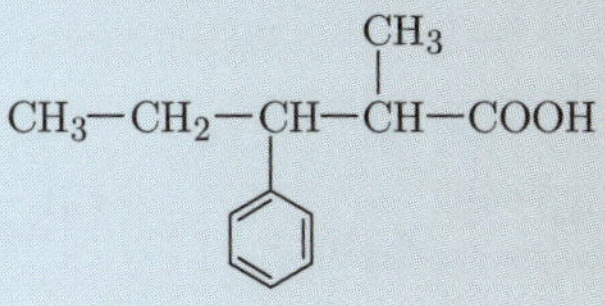

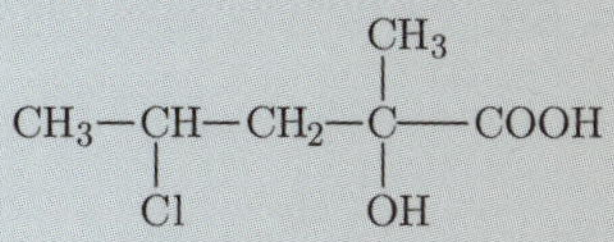

[解答] IUPAC 規則に従いカルボキシル基を 1 位と決める (ほとんどの場合，カルボキシル基の優先順位は他より高いため 1 位となる)．

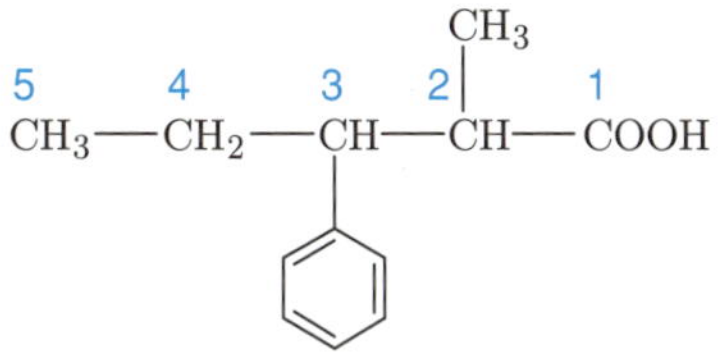

$$\overset{5}{CH_3}-\overset{4}{CH_2}-\overset{3}{CH}(C_6H_5)-\overset{2}{CH}(CH_3)-\overset{1}{COOH}$$

最も鎖が長くなるように固定すると 2 位にメチル基が 3 位にフェニル基が結合している．よって 2-methyl-3-phenylpentanoic acid となる．

カルボキシル基はアルコール・ハロゲンに比べ順位規則で常に上位のため，クロロ，メチル，ヒドロキシを主鎖のペンタン酸に置換して付ける命名となる．すなわち，4-chloro-2-hydroxy-2-methylpentanoic acid となる．

〜〜〜 問　題 〜〜〜〜〜〜〜〜〜〜〜〜〜〜〜〜〜〜〜〜〜〜

7.1 次の化合物を命名せよ

$$CH_3-CH(CH_3)-COOH \qquad HOOC-CH_2-CH_2-CH(OH)-COOH$$

$$CH_3-CH_2-CH(COOH)-CH_2-CH(CH_3)-COOH \qquad HOOC-C_{10}H_6-COOH$$

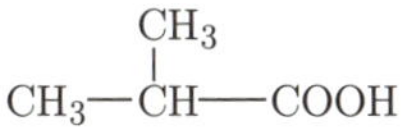

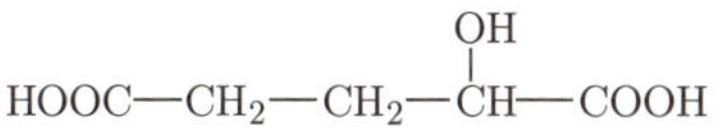

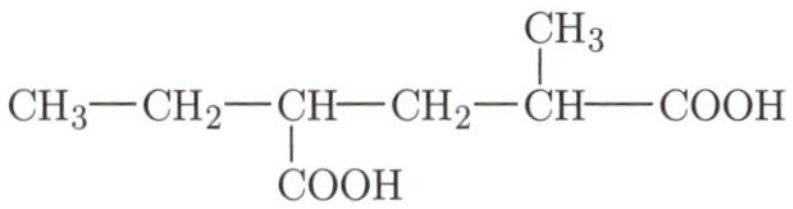

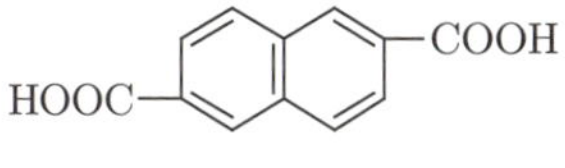

●カルボン酸誘導体の命名法

カルボン酸の命名法を中心とした慣用名 (-oic acid) の語尾を，誘導体ごとに独自の方法で変化させ命名する．

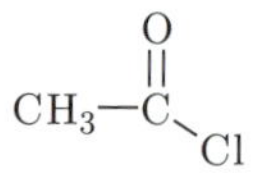

| acetyl chloride | 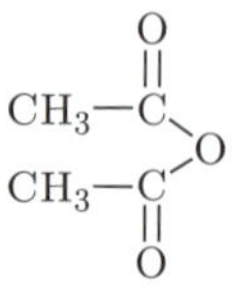 acetic anhydride | 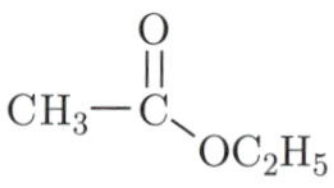 ethyl acetate | 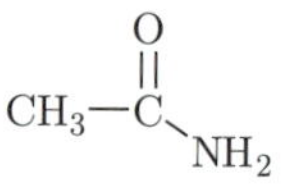 acetamide |

| benzoyl chloride | 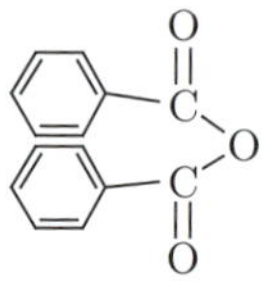 benzoic anhydride | 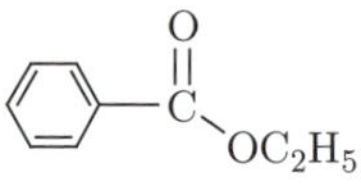 ethyl benzoate | 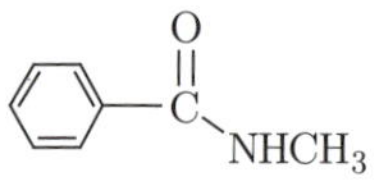 N-methylbenzamide |

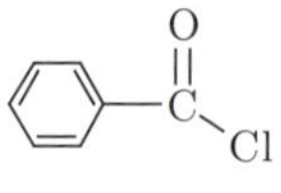

アミド類でアミン側に置換基があった場合，N-で始めた後，窒素に結合したその置換基名を示す．

和名はそれぞれ，塩化アセチル，無水酢酸，酢酸エチル，アセトアミド，塩化ベンゾイル，無水安息香酸，安息香酸エチル，N-メチルベンズアミドとなる．

7.3 カルボン酸とその誘導体の性質

カルボン酸は水溶液中でプロトンを放出し，**一般的な有機酸としての性質**を示す．その誘導体には放出できるプロトンがないため酸としての性質は示さない．カルボン酸とその誘導体は容易に相互に「官能基変換」できる．カルボン酸誘導体には**カルボニル基があるため求核試薬によりカルボニル炭素が求核攻撃を受けやすい**(ケトン，アルデヒドに比べればその反応性は劣る)．

●カルボン酸の酸性

カルボン酸の共役塩基である**カルボキシラートアニオンの安定性がカルボン酸の酸性度を決定**する．カルボキシル基のより近傍により強い電子吸引基が結合することにより，カルボキシラートアニオンが安定化されるため，酸の解離平衡は右に偏りプロトンが放出されやすくなる．

例題 2

次の化合物を酸性度の順に並べよ．

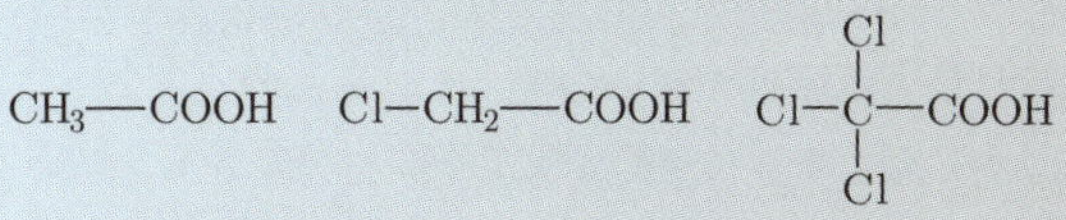

$$CH_3-COOH \qquad Cl-CH_2-COOH \qquad Cl_3C-COOH$$
(Cl-C(Cl)(Cl)-COOH)

[解答] カルボン酸の酸性度はカルボキシル基に結合したアルキル置換基により異なる．一般にハロゲンなど電子吸引性置換基がアルキル基に結合することにより酸性度が上がる．

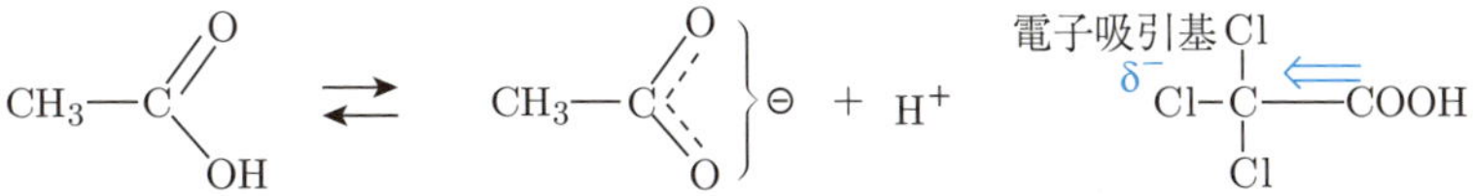

$$CH_3-C(=O)OH \rightleftarrows CH_3-C(O)(O)^{\ominus} + H^+ \qquad \text{電子吸引基}\ Cl_3^{\delta-}C-COOH$$

カルボキシラートイオン　プロトン

カルボン酸はプロトンを放出して共役塩基であるカルボキシラートイオンになる．このカルボキシラートイオンの電子は二つの酸素上に分散している (非局在化)．このカルボキシラートイオンに電子吸引性置換基が結合するとアニオンが安定化されるため酸性度が高くなる (電子吸引基がカルボキシラートイオンを安定化するためより平衡が右に偏りプロトンを放出しやすくなる)．反対にアルキル基など電子供与性置換基が結合することにより酸性度が低下する．長鎖アルキル基にハロゲンが結合した場合，カルボキシル基から遠い位置にハロゲンが結合するとこの電子吸引効果が薄くなり，酸性度はハロゲンがないものとあまり変わらなくなる．

酸性度はトリクロロ酢酸 ($pK_a = 0.7$) > クロロ酢酸 ($pK_a = 2.9$) > 酢酸 ($pK_a = 4.7$) の順番となる．

問題

7.2 トルエン，フェノール，安息香酸の混合物がある．酸性度の違いを用い，これらの混合物からそれぞれを互いに分離するにはどうすればよいか．

7.3 次の化合物を酸として強い順に並べよ．
フェノール，安息香酸，トリフルオロ酢酸，メタノール　　(大阪府立大学工学部)

7.4 カルボン酸とその誘導体の反応

● 酸ハロゲン化物は最も反応性が高いので，それぞれの官能基へは酸ハロゲン化物に対応する試薬を加えることにより官能基変換することができる．反応性の高い官能基からより反応性の低い官能基へは試薬を加えることにより官能基変換は可能である．またそれぞれの誘導体は加水分解により，元のカルボン酸に導くことができる．

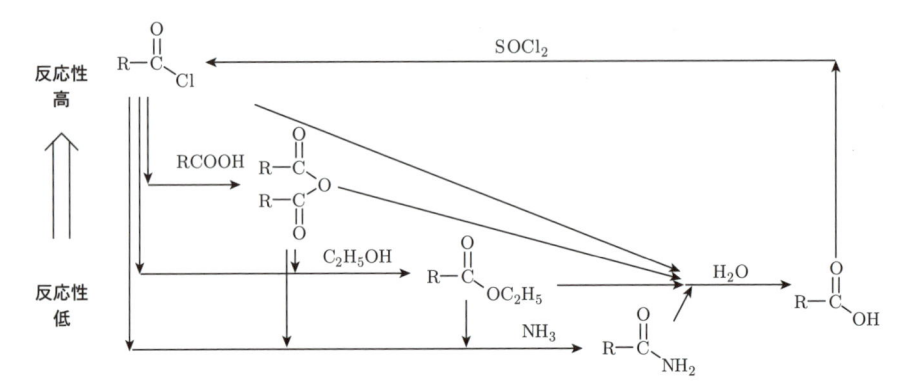

$$\begin{array}{c}\text{反応性 高}\\\uparrow\\\text{反応性 低}\end{array}\quad \begin{array}{c}R-\overset{O}{\underset{}{C}}-Cl\\RCOOH\\R-\overset{O}{\underset{}{C}}-O-\overset{O}{\underset{}{C}}-R\\R-\overset{O}{\underset{}{C}}-OC_2H_5\\R-\overset{O}{\underset{}{C}}-NH_2\end{array}\quad \xrightarrow{SOCl_2,\ C_2H_5OH,\ NH_3,\ H_2O}\quad R-\overset{O}{\underset{}{C}}-OH$$

● カルボン酸は水素化リチウムアルミニウムなどの強い還元剤によりアルコールまで還元される．エステルはアルコールに還元され，アミドはアミンに還元される．

● エステルは強塩基存在下，α水素を奪われエノラートアニオンとなり，他のエステルを攻撃することにより2量化反応を起こす．アルドール縮合とは異なり，アルコキシドの脱離を伴うため，クライゼン縮合と呼ぶ．得られたβ-ケトエステルは活性メチレンを持つ試薬として合成上有用である．

● α-ブロモエステルと亜鉛によりグリニャール試薬同様有機亜鉛化合物が得られる．グリニャール試薬より反応性が低く，エステルは求核攻撃しない．このレフォルマトスキー反応は求核試薬としてケトンやアルデヒドのみ反応する基質選択的な反応である．

● ニトリルはシアン化物イオンを用いた求核置換反応により得られる．ニトリルを加水分解することによりアミドに導くことができる．またアミドを脱水するとニトリルに導くことができる．

7.4 カルボン酸とその誘導体の反応

例題 3

ベンゼンのみを出発原料に，ベンゾフェノンを合成せよ．無機試薬は何を使ってもかまわない．

[解答] 炭素数 6 のベンゼンを利用し，炭素数 13 のベンゾフェノンを合成するためにはベンゼンにベンゾイル基を導入する必要がある．ベンゼンへの求電子反応でベンゾイル基を導入するにはフリーデル-クラフツ反応が最も適している．

$$\text{C}_6\text{H}_6 \xrightarrow{\text{Br}_2, \text{FeBr}_3} \text{C}_6\text{H}_5\text{-Br} \xrightarrow[\text{2) CO}_2]{\text{1) Mg}} \text{C}_6\text{H}_5\text{-COOH} \xrightarrow{\text{SOCl}_2} \text{C}_6\text{H}_5\text{-COCl} \xrightarrow[\text{C}_6\text{H}_6]{\text{AlCl}_3} \text{(C}_6\text{H}_5)_2\text{C=O}$$

無機試薬は何を使ってもよいということなので，ベンゼンを臭素化しブロモベンゼンをまず合成する．これを金属マグネシウムと反応させフェニルマグネシウムブロミド (グリニャール試薬) とした後，ドライアイス (CO_2) と反応させて安息香酸を得る．次いで安息香酸を塩化チオニルと加熱して得られるベンゾイルクロリドを用い，無水塩化アルミニウムを触媒としてベンゼンを溶媒兼試薬として使うことによりベンゾフェノンが得られる．

問題

7.4 生理活性物質が体内のどの部位に蓄積するかを調べるため，トレーサー法を用いたい．グリニャール試薬を用い ^{14}C を持つカルボン酸を合成するためにはどのようにすればよいか．

7.5 次の化学反応式に相当する最も適当な化合物の構造式を書け．

$$\text{CH}_2(\text{COOCH}_2\text{CH}_3)_2 \xrightarrow[\text{CH}_3\text{CH}_2\text{OH}]{\text{NaOCH}_2\text{CH}_3} \xrightarrow{\text{CH}_3\text{CH}_2\text{Br}}$$

$$\text{H}_3\text{C-CH}_2\text{-CH}_2\text{-}\underset{\underset{\text{O}}{\|}}{\text{C}}\text{-NH}_2 \xrightarrow[\text{2) H}_2\text{O}]{\text{1) LiAlH}_4}$$

(大阪府立大学工学部)

例題 4

安息香酸フェニルを合成するためにはどうすればよいか.

解答 安息香酸フェニルは安息香酸とフェノールの脱水縮合により合成できる.

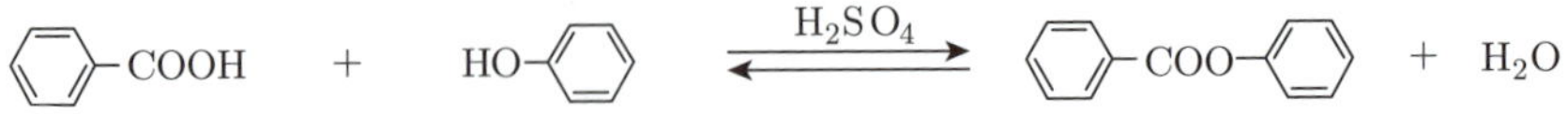

$$C_6H_5\text{-COOH} + \text{HO-}C_6H_5 \xrightleftharpoons{H_2SO_4} C_6H_5\text{-COO-}C_6H_5 + H_2O$$

しかし,この反応は平衡反応のため,単に両者を混ぜるだけでは安息香酸フェニルはうまく合成できない.希望するエステルを収率よく合成するためには右辺の水を除去する必要がある.実際には「ディーン-スターク (Dean-Stark) の装置」と呼ばれるガラス器具を用い,反応混合物をトルエンなど水と共沸する溶媒を用い,加熱還流させながら水が系外に出るように工夫し収率を向上させるのが一般的である.

問題

7.6 以下の設問に答えよ.

フタル酸ジ-2-エチルヘキシルは<u>フタル酸の 2-エチルヘキサノールによるエステル化</u>で得られるフタル酸エステル類の一つである.フタル酸エステル類はポリ塩化ビニルの可塑剤として広く用いられているが,人体に悪影響を及ぼすことが指摘されている.

(a) 可塑剤とはどのような性質を示すものを指すのか述べよ.
(b) 下線部のエステル化反応を構造式を用いて示せ.　　　(大阪大学工学部)

7.7 次の合成反応の過程を,一段階ごとに,必要な試薬とともに化学反応式で示せ.
benzene→acetanilide　　　　　　　　　　(京都工芸繊維大学繊維学部)

8 アミン

8.1 アミンとは

アミンとはアルカンの水素がアミノ基 ($-NH_2$) と置換したもの．

8.2 アミンの命名法

CHBr$_2$CH$_2$CHNH$_2$CH$_3$

3,3-dibromo-1-methylpropylamine

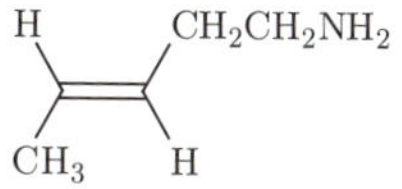

pent-3-enylamine

HOCH$_2$CH$_2$CH$_2$CH$_2$NH$_2$

4-aminobutan-1-ol

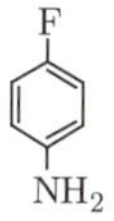

4-fluorophenylamine

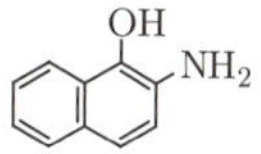

2-aminonaphthalen-1-ol

R$-$NH$_2$ などの型の場合，○○アミン (-amine) と命名する．他に順位規則で優先される主原子団があった場合，優先される物質名を表し，接頭語アミノ (-amino) を必要な結合位置の番号と共に付ける．

8.3 アミンの性質

アンモニアは水に溶けてアンモニウム塩となり塩基性を示す．その他水溶性のアミンも水に溶けて同様に塩基性を示すが，アミノ基に電子吸引性置換基が結合すると塩基性が低下する．これは生成するアンモニウム塩が正の電荷を持つため電子吸引性置換基があると不安定化し，電子供与性置換基が結合すると安定化するためである．

8.4 アミンの反応

アニリンは5℃以下の酸性水溶液中，亜硝酸ナトリウムと反応し，ベンゼンジアゾニウム塩となる．ベンゼンジアゾニウム塩は各種求核試薬と反応し，芳香族求電子置換反応を起こす．

8 アミン

例題 1

次の化合物を命名せよ．

(1) C$_2$H$_5$–N(C$_2$H$_5$)–C$_2$H$_5$

(2) CH$_3$CH$_2$CH$_2$CH(NH$_2$)CH$_3$

(3) HO–C$_6$H$_4$–NH$_2$

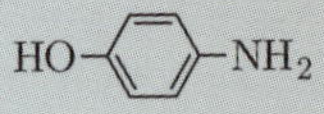

[解答] (1) 窒素に同一のアルキル基が対称に結合しているので，トリエチルアミン (triethylamine) である．

(2) ブチルアミンに1位にメチル基が付いているので 1-メチルブチルアミン (1-methylbutylamine) となる．

(3) 4-アミノフェノール (4-aminophenol) である．アミノ基よりヒドロキシル基が優先するので 4-ヒドロキシアニリンにはならない．

問題

8.1 次の化合物の構造式を書け．
N-イソプロピルブチルアミン　　　　　　　　　　　　　　　（大阪府立大学工学部）

8.2 アニリンとシクロヘキシルアミンではどちらの塩基性が強いか．また，その理由を簡単に述べよ．　　　　　　　　　　　　　　　（大阪府立大学工学部）

8.3 次の空所に適語 (および構造式) を入れよ．
防腐剤として用いられるサリチル酸と酢酸のエステルが (1) であり，解熱・鎮痛作用を有している．サリチル酸を少量の濃硫酸とともにメタノールと加熱すると消炎・鎮痛作用を持つ (2) が生成する．アニリンを無水酢酸と加熱すると (3) が生成する．(3) は最初に作られた合成解熱剤であるが中毒作用が強いため現在ではあまり使用されていない．
アニリンを塩酸に溶かし，冷却しながら亜硝酸ナトリウム水溶液を加えると (4) が生成するが，この化合物をフェノールの水酸化ナトリウム水溶液と反応させると，黄色の (5) が生成する．(5) はアゾ化合物の一種であり，アゾ化合物の中には染料として用いられているものも多い．　　　　　　　（神戸大学工学部，一部改変）

9 複素環式化合物

9.1 複素環式化合物とは

複素環式化合物とは炭素以外の原子を含む環を有する化合物のことを指す．環を構成する原子の数により五員環，六員環と呼ぶ．

9.2 複素環式化合物の命名法

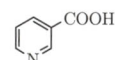

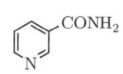

3-methylpyrrole　　4-chloropyridine　　nicotinic acid　　nicotinamide

IUPACではピロールやピリジンなど基本骨格となる複素環に置換基と位置を示す接頭語を付ける．生化学や薬学では複素環式化合物はよく登場し，いまだに多くの慣用名が正式な名称として使われている．DNAの中心を成しているプリンやピリミジンも複素環式化合物である．

9.3 複素環式化合物の性質

含窒素複素環式化合物はアミン様の性質を，含酸素複素環式化合物はエーテル様の性質を示す．ピリジンはアミンとしての塩基性を示すがピロールはほとんど塩基性を示さない．これはピリジンは不飽和二重結合だけで $(4n+2)\pi$ の芳香族としての条件を満たしているのに対し，ピロールは二重結合の外に窒素の孤立電子対を使って初めて $(4n+2)\pi$ の芳香族としての条件を得るためである．クラウンエーテルはその環の中心に金属を取り込む性質を有しており相間移動触媒として用いられる．

9.4 複素環式化合物の反応

ピリジンなど不飽和複素環式化合物は一般の芳香族としての性質を示し，求電子置換反応を起こす．窒素原子が電子吸引基として作用するため，ベンゼンに比べてピリジンの求電子置換反応の反応性は相当低い．一方ピロールやフランはベンゼンよりも高い反応性を示す．

例題 1

ピロール，ピリジン，ピロリジンの三つを塩基性の強い順に並べよ．

解答 ピロールの環には二重結合が二つしかなくこのままでは $(4n+2)\pi$ の芳香族の条件を満たさない．そこで窒素の孤立電子対を使い 6π 系となることができる．**ピロールの窒素の孤立電子対は芳香化に使われたため，ほとんど塩基性を失っている**．

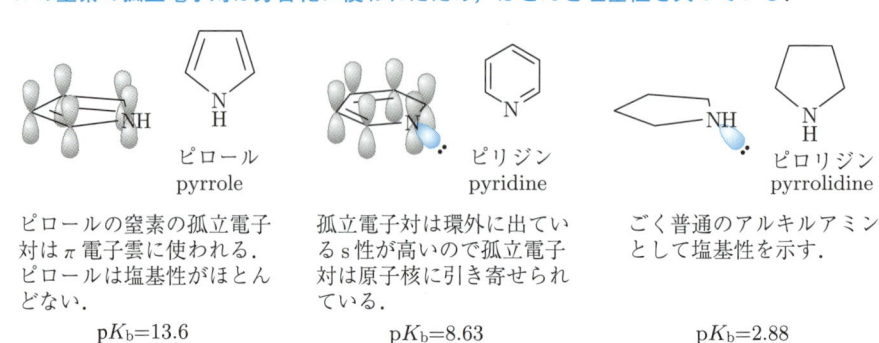

ピロール
pyrrole

ピロールの窒素の孤立電子対は π 電子雲に使われる．ピロールは塩基性がほとんどない．

$pK_b = 13.6$

ピリジン
pyridine

孤立電子対は環外に出ている s 性が高いので孤立電子対は原子核に引き寄せられている．

$pK_b = 8.63$

ピロリジン
pyrrolidine

ごく普通のアルキルアミンとして塩基性を示す．

$pK_b = 2.88$

ピロールが還元されたピロリジンは第二級アミンとして強い塩基性を有する．アルキル基が電子供与基として作用するためアンモニアより強い塩基である．ピリジンの孤立電子対は芳香化に関与していないためある程度の塩基性を持つ．しかし，窒素は sp^2 混成軌道をとっており，孤立電子対は原子核に引き寄せられているので塩基性は低くなっている．よって ピロリジン > ピリジン > ピロール となる．

問題

9.1 次の化合物を命名せよ．

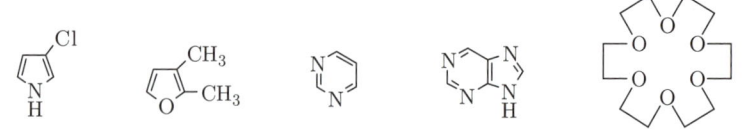

9.2 トルエンを酸化するため，トルエンに過マンガン酸カリウム水溶液を加えかき混ぜながら加熱還流させた．有機層は無色で反応はなかなか進行しないことがわかった．そこに 18-crown-6 を微量加えたところ全体が紫色となり反応速度が急に上がった．この理由を説明せよ．

10 アミノ酸とタンパク質

10.1 アミノ酸とタンパク質とは

アミノ酸とは分子内にアミノ基とカルボキシル基を有する物質である．天然のアミノ酸はカルボキシル基の α 位にアミノ基が結合している α-アミノ酸である．アミノ酸がアミド結合（ペプチド結合）により複数個結合したものをペプチド，分子量がおおむね 1 万を越えるとタンパク質と呼ぶ．

10.2 アミノ酸とタンパク質の命名法

天然のアミノ酸の基本骨格はカルボキシル基と α-アミノ基および側鎖である．グリシンを除き天然のアミノ酸には光学活性がありすべて L 体である．

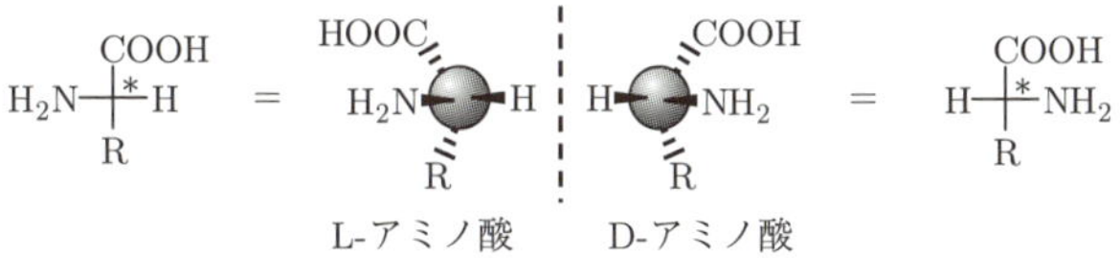

L-アミノ酸　　D-アミノ酸

プロリンを除き，この R 基として以下の置換基が結合する（プロリンは下記に示した通り）．

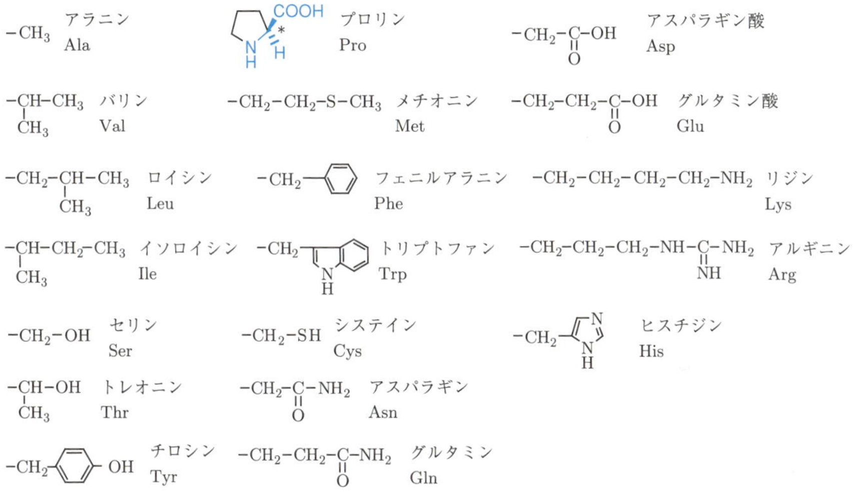

−CH₃　アラニン Ala

プロリン Pro

−CH₂−C(=O)−OH　アスパラギン酸 Asp

−CH(CH₃)−CH₃　バリン Val

−CH₂−CH₂−S−CH₃　メチオニン Met

−CH₂−CH₂−C(=O)−OH　グルタミン酸 Glu

−CH₂−CH(CH₃)−CH₃　ロイシン Leu

−CH₂−（フェニル）　フェニルアラニン Phe

−CH₂−CH₂−CH₂−CH₂−NH₂　リジン Lys

−CH(CH₃)−CH₂−CH₃　イソロイシン Ile

−CH₂−（インドール）　トリプトファン Trp

−CH₂−CH₂−CH₂−NH−C(=NH)−NH₂　アルギニン Arg

−CH₂−OH　セリン Ser

−CH₂−SH　システイン Cys

−CH₂−（イミダゾール）　ヒスチジン His

−CH(OH)−CH₃　トレオニン Thr

−CH₂−C(=O)−NH₂　アスパラギン Asn

−CH₂−（フェノール）−OH　チロシン Tyr

−CH₂−CH₂−C(=O)−NH₂　グルタミン Gln

例題 1

次のアミノ酸をフィッシャー投影法で示せ．またR体かS体かを明らかにし，このアミノ酸の名称を示せ．

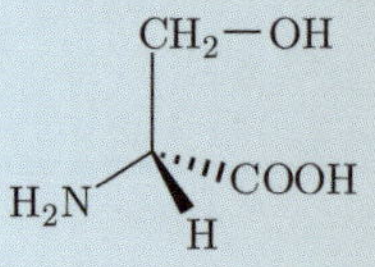

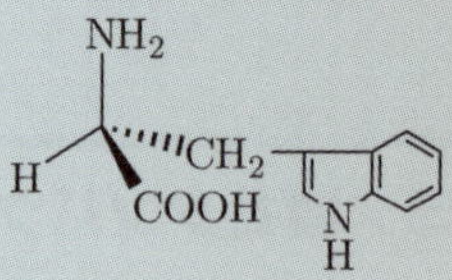

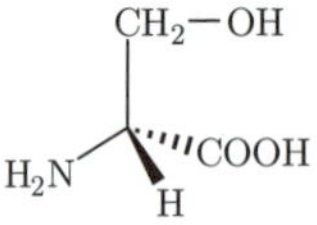

[構造式: CH₂-OH, H₂N, COOH, H (セリン)] [構造式: NH₂, CH₂-インドール, COOH, H (トリプトファン)]

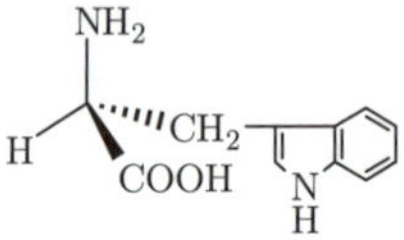

[フィッシャー投影: CH₂-OH基のセリン] R体　　[フィッシャー投影: トリプトファン] S体

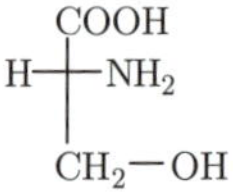

[D-セリンのフィッシャー投影] D-セリン　　[L-トリプトファンのフィッシャー投影] L-トリプトファン

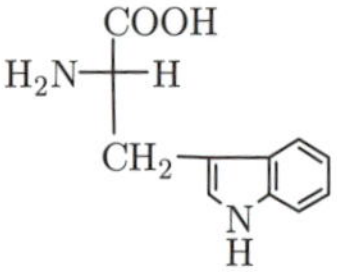

[解答] ヒドロキシメチル基を有するアミノ酸はセリンで，インドール骨格を有しているアミノ酸はトリプトファンである．フィッシャー投影法では炭素鎖が縦方向に最も長くなるように配置させる必要があるから，このように表すことができる．それぞれはS体，R体であり，対応するアミノ酸はD-セリン，L-トリプトファンである．システインを除きLアミノ酸はS配置である．

問題

10.1 (1) α-アミノ酸は，他の多くの有機化合物に比べて，一般に融点が高く水に溶けやすいなどの性質を持っている．その理由を簡潔に説明せよ．

(2) アラニン塩酸酸性水溶液がある．
  (ア) この溶液中で，アラニンは主としてどのような構造で存在しているかを示せ．
  (イ) この溶液に常温で亜硝酸ナトリウムを加えて反応させたとき，生じる有機化合物の構造式と名称を記せ．

(北海道大学農学部)

10.2 アミノ酸の立体構造について説明せよ．また，側鎖はその性質によって主に四つのグループに分類されるが，各グループの特徴をアミノ酸の例を挙げて説明せよ．

(奈良高等専門学校専攻科)

10.3　アミノ酸とタンパク質の性質

アミノ酸はアミノ基とカルボキシル基を有するため，酸性ではアンモニウムイオン，塩基性ではカルボキシラートイオンとなっている．中性の水溶液中では**両性イオン構造**をとる．

タンパク質は**二次構造**として α ヘリックス構造をとった場合，右巻きのらせんをとり「ロッド状」となる．β 構造をとった場合「シート状」となる．**三次構造**は側鎖の官能基に依存し，タンパク質全体の形を形づくる．

10.4　アミノ酸とタンパク質の反応

アミノ酸の呈性反応で最も代表的なものにニンヒドリン反応がある．

ニンヒドリン　　還元型ニンヒドリン

青紫色色素

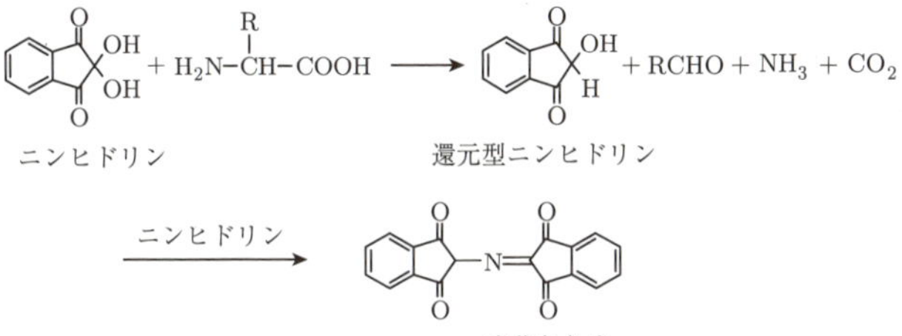

アミノ酸に**ニンヒドリンを加えて加熱すると青紫色**を呈する．また芳香族アミノ酸を含む溶液やタンパク質に**濃硝酸を加え加熱すると黄色**を呈する．これを**キサントプロティン反応**と呼ぶ．

アミノ酸からタンパク質への合成は直接できない (縮合剤を加えても乱雑に重合が起こってしまう)．N 端と C 端に保護基を付けたアミノ酸に縮合剤を加えて，縮合後保護基を除去するのが一般的である．

Z-Ala　　Gly-OBzl

Z-Ala-Gly-OBzl

Ala-Gly

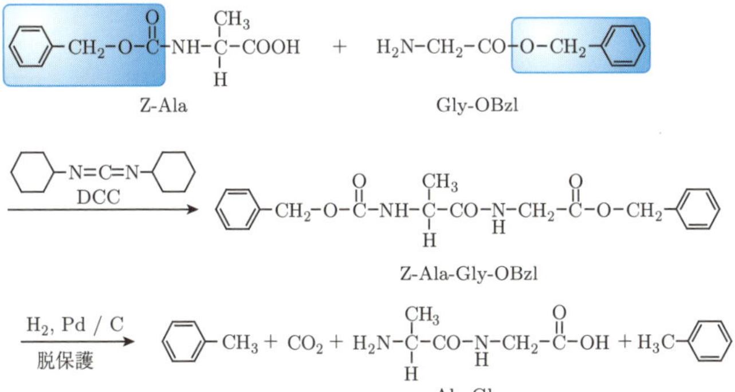

例題 2

グリシンの等電点について説明せよ．

[解答] グリシンは酸性，中性，アルカリ性でそれぞれ下記の構造に変化する．

$$H_3\overset{+}{N}-CH_2-COOH \underset{}{\overset{pK_1}{\rightleftarrows}} H_3\overset{+}{N}-CH_2-COO^- \underset{}{\overset{pK_2}{\rightleftarrows}} H_2N-CH_2-COO^-$$

酸性から中性への構造が変化する pK_1 は 2.35 で，これ以降は両性イオン型の構造をとるものが多くなる．また pK_2 は 9.78 でありこれ以上アルカリになるとアンモニウム塩がアミンに変化する量が増えていく．ちょうどこの中間の pH6.07 において両性イオン型をとる量が最大となりこの pH を **等電点** (pI：isoelectric point) と呼ぶ．純水にグリシンを溶かした溶液の pH が等電点であり，等電点では正味の荷電は 0 でアミノ酸の水に対する溶解度は最小となる．

問題

10.3 Lys の荷電状態は pH によってどのように変化するか説明せよ．ただし，α-カルボキシル基の pK_a は 2.18，α-アミノ基の pK_a は 8.95，側鎖のアミノ基の pK_a は 10.53 とする．　　　　　　　　　　　(奈良高等専門学校専攻科)

10.4 α ヘリックス，β-シートについて説明せよ．　　(奈良高等専門学校専攻科)

10.5 ポリペプチドとはどのような結合を持つどのような化合物か簡単に説明せよ．
　　　　　　　　　　　　　　　　　　　　　　　　　　(名古屋大学工学部)

10.6 アラニン 2 分子からなるジペプチドを加水分解する化学反応式を示すとともに生成物の名称を記載せよ．　　　　　　　　(大阪大学工学部，一部改変)

10.4 アミノ酸とタンパク質の反応

例題 3

グリシンに C 端保護基のベンジルエステルを導入する方法を書きなさい．

解答 グリシンにベンジルアルコールを加え，トルエン溶媒中，酸触媒とともに加熱するとグリシンベンジルエステルが合成できる．

$$H_2N\text{-}CH_2\text{-}COOH + HOCH_2\text{-}\bigcirc \underset{}{\overset{H_2SO_4}{\rightleftharpoons}} H_2N\text{-}CH_2\text{-}CO\text{-}OCH_2\text{-}\bigcirc + H_2O$$

実際にはこの反応は平衡反応のため収率よく合成するため，ディーン–スタークの装置と呼ばれるガラス器具を用いる．共沸の原理を用い，トルエン溶液中生成した水を系外に連続的に除去することにより平衡を右に進め効率よくエステルを合成することができる．

問題

10.7 α-アミノ酸はタンパク質を構成する基本骨格であり，グリシンを除くアミノ酸は (a) 炭素を有するため，通常 2 種類の光学異性体が存在するが，天然にはその片方 (L 体) が使われている．アミノ酸の特徴は，分子中にアミノ基とカルボキシル基をあわせ持つため，中性水溶液中では (b) イオン (どちらの官能基もイオン化された状態) を形成している．単純タンパク質はアミノ酸が (c) 結合で縮合した高分子である．タンパク質の検出反応の代表例としては，ビウレット反応やキサントプロテイン反応が挙げられる．タンパク質の中でも特に生体内の化学反応を触媒するものを (d) と呼ぶ．

(1) (a) から (d) まで適した語句を入れよ．

(2) アラニン ($H_2N\text{-}CH(CH_3)COOH$) を例に挙げて，2 種類の光学異性体を立体的に記せ．

(3) グリシンを酸性，アルカリ性水溶液に溶解したときのイオン化された構造式を記せ．

(4) 通常，アミノ酸をエタノール中で少量の濃硫酸を加えて加熱すると，有機溶媒にも可溶な化合物に変化する．この変化をアラニンを例に挙げて反応式で示せ．

(5) キサントプロテイン反応は，ベンゼン環を有するアミノ酸がタンパク質の中に存在したときに濃硝酸を添加して加熱すると起こる反応である．この呈色反応 (黄色への変色) はどのような化学変化によるものか，10 字程度の言葉で表現せよ．

(九州大学工学部)

11 糖質

11.1 糖質とは

糖には大きく分けて，単糖類，二糖類，多糖類がある．**単糖類**とはそれ以上簡単な化合物に加水分解できない糖の最小単位である．**二糖類**はこの単糖類二つが脱水縮合したもの，**多糖類**はそれ以上の単糖類が脱水縮合したものである．これらの単糖類から多糖類までを合わせて糖質と呼ぶ．

11.2 単糖類の命名法と構造

基本は三炭糖のグリセルアルデヒドであり，このD体L体の絶対配置が他の糖のD・Lの基準となる．

代表的な単糖類として以下のものがある．天然の糖はすべてD体である．

D-グリセルアルデヒド　　L-グリセルアルデヒド

D-リボース　核酸中に存在

D-グルコース　代表的なヘキソース

D-フルクトース　2位がケトンになっているケトース

D-マンノース　グルコースの2位の不斉が逆

また，フィッシャー法以外に環状ヘミアセタール構造の糖を表現する方法としてハース式が用いられ，二糖類以上では主にこの方法で表記される．

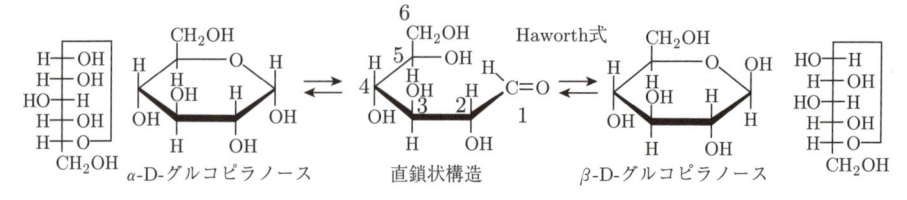

α-D-グルコピラノース　　直鎖状構造　　β-D-グルコピラノース

Haworth式

11.2 単糖類の命名法と構造

例題 1

D 体および L 体のグリセルアルデヒドの立体配置をフィッシャー投影法で表せ．

[解答] 天然の糖はすべて D 体である．D 体の糖はフィッシャー投影法で一番下の不斉炭素の配置が右側である．

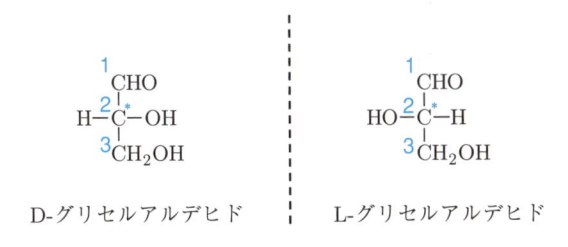

$$\begin{array}{c} ^1\text{CHO} \\ \text{H}-\overset{*}{\underset{}{\text{C}}}^2-\text{OH} \\ ^3\text{CH}_2\text{OH} \end{array} \qquad \begin{array}{c} ^1\text{CHO} \\ \text{HO}-\overset{*}{\underset{}{\text{C}}}^2-\text{H} \\ ^3\text{CH}_2\text{OH} \end{array}$$

D-グリセルアルデヒド　　　L-グリセルアルデヒド

問題

11.1 グリセルアルデヒド ($HOCH_2CH(OH)CHO$) の立体異性体に関する以下の問に答えよ．

(a) R 配置のグリセルアルデヒドを表すように下の (ア)〜(ウ) に適当な原子あるいは原子団を当てはめて答えよ．

(b) R 配置のグリセルアルデヒドを表すフィッシャー投影式の (エ) と (オ) に適当な原子あるいは原子団を当てはめて答えよ．

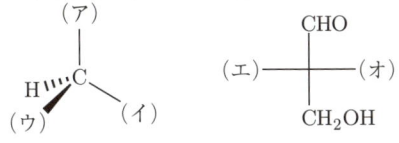

(c) R 配置のグリセルアルデヒドは DL 表記ではどちらになるか答えよ．

(京都工芸繊維大学繊維学科)

11.2 D-グルコースの環状構造を Haworth の式で示し，そのアノマーについて説明せよ．

(奈良高等専門学校専攻科)

11.3 二糖類・多糖類の命名法と構造

二糖類には二つの単糖が脱水縮合する際の結合様式により α1→4 や β1→4 などがあり，加水分解のしやすさも糖により異なる．還元性二糖類と非還元性二糖類がある．

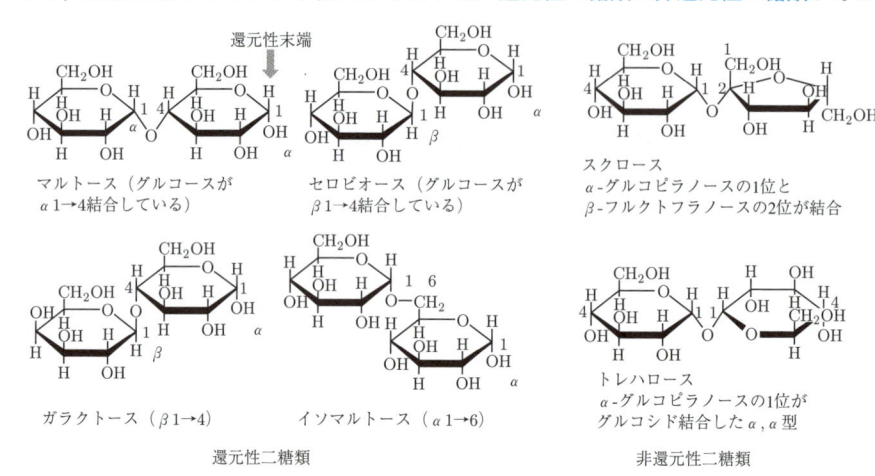

マルトース（グルコースが α1→4結合している）

セロビオース（グルコースが β1→4結合している）

スクロース
α-グルコピラノースの1位と β-フルクトフラノースの2位が結合

ガラクトース（β1→4）

イソマルトース（α1→6）

トレハロース
α-グルコピラノースの1位がグルコシド結合した α,α 型

還元性二糖類　　　　　　　　　　　　　　　　　　　非還元性二糖類

デンプンはグルコースの α1→4 結合による直鎖状のアミロースと α1→6 結合による枝分かれ部分を含むアミロペクチンの2種類からなる．

セルロースはグルコースの β1→4 結合を持つ直鎖状の極めて安定な高分子である．

11.4 糖質の反応

アルドースは反応性の高いアルデヒド基を有するため，酸化剤と反応しグルコン酸に酸化される．

D-グルコース　→[O]→　D-グルコン酸

○銀鏡反応
$AgNO_3$ ─アルドース, NH_3 aq.→ Ag↓ 銀鏡

○フェーリング反応
$CuSO_4$ ─アルドース, 酒石酸塩→ Cu_2O ↓ 赤褐色沈殿

銀(I)イオンや銅(II)イオンはアルデヒドを容易に酸化するため，銀鏡反応とフェーリング反応はアルドースの代表的な検出反応として用いられる．アルデヒド末端を持たない多糖類や非還元性二糖類は検出されない．

11.4 糖質の反応

例題 2

マルトースとセロビオースの違いを示せ．

[解答] マルトースは α-D-グルコピラノースの 1 位が他のグルコピラノースの 4 位と脱水縮合し **$\alpha 1 \rightarrow 4$ 結合**したものである．セロビオースは β-D-グルコピラノースの 1 位と他のグルコピラノースの 4 位が脱水縮合 (**$\beta 1 \rightarrow 4$ 結合**) したものである．$\alpha 1 \rightarrow 4$ 結合が繰り返し起こった多糖類が**アミロース**であり，$\beta 1 \rightarrow 4$ 結合が繰り返し起こった多糖類が**セルロース**である．

問題

11.3 (1) L-グルコースのフィッシャー投影式を書け．
(2) D-グルコースには何個の不斉炭素原子が存在するか．また，それらはどの炭素原子か．何位かを番号で示せ．
(3) 一般に不斉炭素原子を n 個有する化合物には何種類の立体異性体が存在するか．
(4) アルデヒド (R–CHO) とアルコール (R′–OH) は酸触媒下，ヘミアセタールを形成する．ヘミアセタールの構造を書け．
(5) グルコースは分子内にアルデヒドとアルコールを有しており，これらが分子内で反応すると安定な環状ヘミアセタールを形成する．六員環ヘミアセタール (ピラノース) を形成するときに新しいキラル中心が生成するため，D-グルコースからは 2 種類のジアステレオマー (アノマー) が生じる．これら 2 種類のジアステレオマーの構造を立体化学がわかるように書け．
(6) 設問 (5) で新たに生じた不斉炭素原子は何位の炭素原子か．また，それぞれの立体配置を設問 (5) で書いた構造式上に R,S 表示で示せ．

(豊橋技術科学大学，一部改変)

11.4 ある単糖を水素化ホウ素ナトリウムで還元したところ，2 種類の糖アルコールが得られた．得られた 2 種類の糖アルコールのうち，一方は D-グルコースを同様に還元して得られる糖アルコールと同じものであった．この単糖として考えられるものの構造式をフィッシャーの投影式で書け． (奈良高等専門学校専攻科)

12 脂質

12.1 脂質とは

油脂とは脂肪酸とグリセリンのエステルである．室温で液体のものを油，室温で固体のものを脂肪と呼ぶ．高級アルコールと脂肪酸のエステルをろうと呼ぶ．またリンを含む油脂をリン脂質と呼ぶ．リン脂質は脂質二重膜を形成する重要な両親媒性物質である．その他の脂溶性天然物質としてテルペンやステロイド，プロスタグランジンがあり，これらすべてを合わせて脂質と呼ぶ．

12.2 油脂の命名法と構造

油脂を構成する脂肪酸は長鎖アルキル基を持つものが多く，ほとんどが慣用名を用いている．グリセリンに脂肪酸が脱水縮合してできたエステルをトリグリセリドと呼ぶ．一般に脂肪酸や油脂は飽和のものの融点が高く，不飽和のものの融点が低い．動物性油脂は固体のものが多く，飽和脂肪酸の含有量が多い．これは不飽和脂肪酸の二重結合部位はシス配置のものが多く，分子の骨格が直鎖にならず大きく曲がるため，分子構造に大きな曲がりを生じ結晶構造を形成しにくく固化しにくい (融点が低い) ためである．

12.3 油脂の反応

油脂はエステルを持つため，水酸化カリウム水溶液によりケン化を受ける．油脂 1 g を加水分解するのに必要な水酸化カリウムの mg 数をケン化価といい，油脂の平均分子量を表す．不飽和脂肪酸の量を測定する方法にヨウ素価がある．油脂 100 g に付加するヨウ素の g 数をヨウ素価といい，不飽和数が多いほどヨウ素価が大きくなる．

12.4 その他の脂質

テルペンはイソプレンを基本単位とする天然有機化合物であり，天然に広く分布する．オレンジの精油のリモネン，ビタミン A 前駆体の β-カロテンがある．ステロイドには性ホルモンや副腎皮質ホルモンなどがあり，プロスタグランジンはオータコイドとして局所に作用する生理活性物質である．

12.4 その他の脂質

例題 1

トリステアリンのケン化価を計算せよ．

[解答] トリステアリンとはグリセリンにステアリン酸が 3 分子エステル結合により結合した油脂である．トリステアリンは水酸化カリウムによりケン化されステアリン酸カリウムとなる．

$$\begin{array}{l} CH_2-O-CO-C_{17}H_{35} \\ CH-O-CO-C_{17}H_{35} \\ CH_2-O-CO-C_{17}H_{35} \end{array} + 3KOH \longrightarrow \begin{array}{l} CH_2-OH \\ CH-OH \\ CH_2-OH \end{array} + 3C_{17}H_{35}COOK$$

ステアリン酸の分子量は 891.48 であり，ステアリン酸 1 mol をケン化するのに必要な水酸化カリウムは 3 mol (MW 56.1 168.3 g) である．油脂 1 g を加水分解するのに必要な水酸化カリウムの mg 数は $1000/891.48 \times 168.3 = 188.8$ となる．

問題

12.1 石けんの合成法を述べよ．また石けんが汚れをとるメカニズムについて説明せよ．

12.2 レシチンには二本の長鎖アルキル基と親水性の四級アンモニウム塩とリン酸を有している．リン脂質と脂質二重膜構造について説明せよ．

$$\begin{array}{c} R^1-OC-O-CH_2 \\ | \\ R^2-OC-O-CH-CH_2-O-\overset{O}{\underset{OH}{P}}-O-CH_2-CH_2-\overset{CH_3}{\underset{CH_3}{\overset{|}{N^+}}}-CH_3 \end{array}$$

レシチン

12.3 オレイン酸 ($C_{17}H_{33}COOH$)，ステアリン酸 ($C_{17}H_{35}COOH$) ではどちらの融点が高いか？　その理由についても説明せよ．　　　　(奈良高等専門学校専攻科)

13 核 酸

13.1 核酸とは

　核酸とは細胞の核中に存在する**糖**，**リン酸**，**塩基**の三つからなる酸性の高分子物質である．**DNA** はデオキシリボ核酸で糖はデオキシリボースが使われている．**RNA** はリボ核酸で β-D-リボフラノースが使われている．

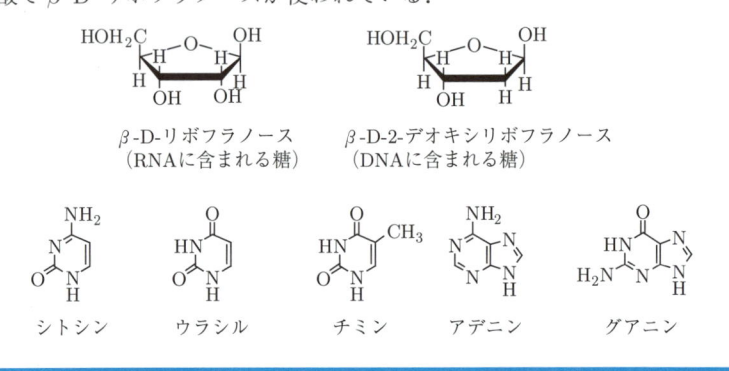

β-D-リボフラノース
（RNAに含まれる糖）

β-D-2-デオキシリボフラノース
（DNAに含まれる糖）

シトシン　ウラシル　チミン　アデニン　グアニン

13.2 核酸の構造

　DNA は二重らせん構造をとっており，**A−T** と **C−G** が相補的に組み合わさっている．それぞれ水素結合が 2 本または 3 本で互いに強固に結合している．

13.2 核酸の構造

例題 1

ヌクレオシドとヌクレオチドの違いがわかるようにアデノシンおよびアデノシン一リン酸を用いて説明せよ。

ヌクレオシド (nucleoside) は糖と塩基が結合したものである．アデニンとリボースが結合するとアデノシンとなる．**ヌクレオチド (nucleotide)** は糖と塩基にリン酸が結合したものである．アデノシンのリボースの 5′ 位にリン酸が結合したものをアデノシン 5′-一リン酸と呼ぶ．

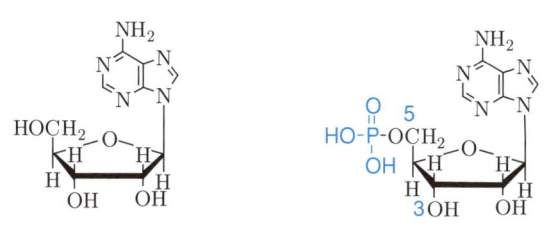

ヌクレオシド　糖＋塩基　　　ヌクレオチド　糖＋塩基＋リン酸

DNA，RNA ともヌクレオチドの 5 位のリン酸と 3 位のヒドロキシル基が縮合して長鎖高分子となる．

問題

13.1 DNA の塩基には下記に示したようにチミン (T)，シトシン (C)，アデニン (A)，グアニン (G) の 4 種類がある．

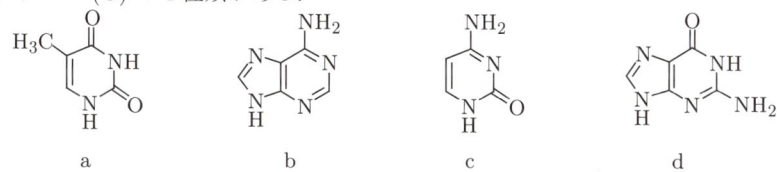

a　　　b　　　c　　　d

ア．これら 4 種類の構造式に対応する名前を書け．
イ．チミンの互変異性体をすべて示せ．
ウ．DNA 鎖中でチミンとアデニンの部位間の水素結合の様式を示せ．
エ．DNA 中にある塩基配列が 5′−T−G−A−C−G−T−3′ であるときにそれに相補的な RNA の塩基配列を示せ．

(豊橋技術科学大学)

14　材料としての有機化合物

14.1　高分子とは

高分子とは主鎖が共有結合で結合したおおむね分子量が1万以上ある高分子物質を指す．有機高分子は一般に低分子量の一単位 (モノマー) が重合した重合体 (ポリマー) である．

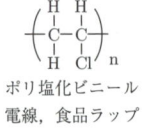

ポリエチレン
フィルム，ゴミ袋

ポリ塩化ビニール
電線，食品ラップ

ポリプロピレン
フィルム，成型品

ポリスチレン
成型品

ポリエチレンテレフタレート (PET)
糸，フィルム，ペットボトル

ナイロン-6
糸，成型品

ポリエチレンはエチレン (モノマー) を付加重合させたものである．ポリプロピレンなどポリエチレン誘導体も同様な手法で合成する．PETボトルで知られるポリエチレンテレフタレートはテレフタル酸とエチレングリコールが脱水縮合したポリエステルである．ナイロン66はポリアミドの一種で，実験室ではアジピン酸塩化物とヘキサメチレンジアミンを用いた界面重合で簡単に作ることができる．

14.2　高分子の分類

高分子には上記直鎖状のもののほかに三次元構造を持つものがある．熱可塑性のある上記高分子は加熱により分解しにくく，塑性を示すため射出成型に用いられる．フェノール樹脂などは三次元構造を形成する熱硬化性樹脂である．網目状構造をとり硬くなるため線維状物質と組み合わせて複合材料としてよく用いられる．

例題 1

重合開始剤として AIBN (アゾビスイソブチロニトリル) を用いた場合の，ポリエチレン合成の重合開始過程を説明せよ．

[解答] AIBN はラジカル発生剤であり，この重合はラジカル重合である．AIBN は加熱により窒素を遊離させ，ラジカルが発生する．このラジカルがエチレンと反応し，

$$CH_3-\underset{CN}{\underset{|}{C}}(CH_3)-N=N-\underset{CN}{\underset{|}{C}}(CH_3)-CH_3 \xrightarrow{\Delta} CH_3-\underset{CN}{\underset{|}{C}}(CH_3)\cdot + N_2 + \cdot \underset{CN}{\underset{|}{C}}(CH_3)-CH_3$$

ラジカルの発生

$$CH_3-\underset{CN}{\underset{|}{C}}(CH_3)\cdot \quad H_2C=CH_2 \longrightarrow CH_3-\underset{CN}{\underset{|}{C}}(CH_3)-\underset{H}{\underset{|}{C}}(H)-\underset{H}{\underset{|}{C}}(H)\cdot$$

高分子の伸長

アルキルラジカルが発生する．このラジカルが高分子の伸長過程の元になる．

問題

14.1 有機化合物の原料としてアセチレンのみを用いポリビニールアルコールを合成するルートを示しなさい．ただし，各ステップにおける反応プロセスを示す語句は下記より選び，例に従って書きなさい．触媒，溶媒，反応，条件は記入しなくてよい．また，100 g のアセチレンから何グラムのポリビニールアルコールが得られるか答えなさい．ただし，各ステップは収率 100 ％で進行し，最終ステップから得られる酢酸は再利用しないものとする．
(反応プロセス：付加，脱離，置換，加水分解，エステル化，アミノ化，酸化，還元，縮合重合，付加重合)

例

$$H_2C=CH_2 \xrightarrow[\text{付加}]{Cl_2} CH_2Cl-CH_2Cl \xrightarrow[\text{脱離}]{-HCl} CH_2=CH-Cl \xrightarrow{\text{付加重合}} {\left[CH_2-\underset{Cl}{\underset{|}{CH}} \right]}_n$$

(神戸大学工学部)

例題 2

ヘキサメチレンジアミン水溶液とアジポイルクロリド(アジピン酸ジクロリド)のクロロホルム溶液の界面でナイロン 66 の界面重合が観察できる．この重合反応の反応式を示せ．

[解答] このアミド化の反応は界面でのみ進行する．ジアミンとジカルボン酸から脱水縮合により高分子が形成される．この反応は

$$Cl-\underset{O}{\overset{O}{\|}}C-CH_2CH_2CH_2CH_2-\overset{O}{\underset{\|}{C}}-Cl \quad + \quad H_2N-CH_2CH_2CH_2CH_2CH_2CH_2-NH_2$$

$$H_2N-CH_2CH_2CH_2CH_2CH_2CH_2-NH_2$$

$$\longrightarrow \quad Cl-\underset{O}{\overset{O}{\|}}C-CH_2CH_2CH_2CH_2-\overset{O}{\underset{\|}{C}}-HN-CH_2CH_2CH_2CH_2CH_2CH_2-NH_2$$

アミンが酸塩化物のカルボニルを攻撃し，塩化物イオンが脱離しアミドを形成する．もう一方の酸塩化物を他のアミンが攻撃し高分子化することによりナイロン 66 が得られる．この両者が出会えるのは有機層と水層の界面だけであり，界面重合したものをピンセットでつまみ上げると長い繊維状のナイロンが得られる．

問題

14.2 次の文章中のカッコ内に入る適当な語句を解答欄に記載するとともに，設問に答えよ．

(ア) と呼ばれる分子量の小さい化合物を原料として，人工的に合成した分子量の大きい化合物を (イ) という．このように多数の (ア) が結合して，(イ) が生じる反応を (ウ) という．(ウ) は (エ) と (オ) と呼ばれる二つの反応様式に大別できる．(オ) では一般に脱水反応が伴う．

プラスチックにはいろいろな性質を示すものがある．そのうち，加熱により三次元網目状に変化し，硬化して元に戻らない性質を有するものを (カ) プラスチックという．また加熱により軟化し，再冷却すると硬化する性質を有するものを (キ) プラスチックと呼ぶ．この他 (ウ) により，イオン交換能を持つ化合物，多量の水を吸収する化合物，光が照射されると架橋や分解などの化学反応を起こす化合物など，多種多様な (ク) が作り出されている．

14.2 高分子の分類

○ 次の化合物は (エ) あるいは (オ) のいずれの反応様式で生成したものであるか分類せよ．

化合物群：ナイロン-6,6，ポリエチレンテレフタレート，ポリ塩化ビニル，ポリ酢酸ビニル，ポリスチレン，メタクリル樹脂　　　(大阪大学工学部，一部改変)

15 有機化合物の測定技術

15.1 IR とは

　IR (赤外線吸収スペクトル) は有機化合物に赤外線をあてて，その吸収から官能基を知るための測定技術である．一般に 4000 cm^{-1} から 400 cm^{-1} の範囲を測定する．3300 cm^{-1} 付近には水酸基の OH 伸縮振動に相当する吸収が見られ，1700 cm^{-1} 付近にはカルボニルの C=O 伸縮振動が見られることから，吸収の位置によりその有機化合物が持つ官能基を予想することができる．

15.2 UV とは

　UV (紫外線吸収スペクトル) は 200〜380 nm における光の吸収を，UV-VIS (紫外可視吸収スペクトル) とは 200〜780 nm における試料の光の吸収を測定する技術である．分子の $\pi \rightarrow \pi^*$ や $n \rightarrow \pi^*$ の電子遷移に対応するエネルギー差に相当する波長の光を吸収する．この吸光度から既知化合物の定量や，HPLC の検出器に使われたりしている．

15.3 NMR とは

　代表的な NMR に ^{1}H-NMR と ^{13}C-NMR がある．有機化合物を重水素化溶媒に溶かし，強力な磁場を備えた装置に入れ，外部から電磁波を照射することにより，有機化合物中の ^{1}H または ^{13}C の核の情報を知ることができる．NMR で重要になってくるのは化学シフトとカップリング，積分値である．化学シフトよりその核が置かれている情報がわかり，カップリングにより周囲にいる水素の数や位置が推測でき，積分値によりその水素が何個存在するかが明らかになる．

15.4 MS とは

　試料に電子線など高エネルギー源を照射してイオン化し，電磁場を用い加速・分離しこの分子イオンの質量を測定する手法である．イオン化の方法やイオンの加速や分析の方法もさまざまで，その感度も近年上昇し，小数点以下 4 桁の分子量を測定できるようになったため，分子量がわかるだけでなく分子式もわかるようになってきた．またフラグメントのピークを調べることにより分子構造を推察することもできる．

15.4 MSとは

例題 1

アルケンの硫酸付加反応を行い，中和・抽出などの後処理をして IR 測定を行った．この生成したオイル状物質を neat で食塩板に塗り付け IR 測定をしたところ 3300 cm^{-1} 付近に幅広の大きなピークが観測できた．この結果をどのように解析すればよいか．

[解答] 3300 cm^{-1} に観測できる幅広く大きな吸収は OH や NH などの特徴的な伸縮振動の吸収位置である．neat など濃厚な状態で測定すると OH が水素結合するため会合した 3300 cm^{-1} のピークのみが観察される (なお希薄な溶液や，結晶を KBr-disk 法で測定した場合は 3600 cm^{-1} 付近に鋭い遊離の OH のピークが得られる)．この結果からはアルケンへの硫酸付加の結果アルコールが生成したと考えてよい．なお，このピークは非常に強く出るため，少しでもアルコールが生成していればこの位置にピーク観測できるので，生成したアルコールの純度を調べるにはガスクロマトグラフィーを用いるか，さらなる詳細な解析をしたいならば NMR を測定する必要がある．

問題

15.1 次の記述で正しいものを選び記号で答えよ．

a) プロトンの核磁気共鳴スペクトル測定法は，物質を構成する水素の原子核のまわりの電子のスピン状態の遷移に伴う現象を利用したものである．

b) 互いに鏡像の関係にある二つの対掌体のプロトンの核磁気共鳴スペクトルは完全に一致する．

c) 吸光度測定法は，分子を構成する原子核間の振動状態の変化に伴う光吸収を利用したものである．

d) 赤外吸収スペクトル測定法は，分子の電子状態が基底状態から励起状態に遷移する際の光の吸収を利用したものである．

e) 光学活性化合物の紫外吸収スペクトルの極大値と，円二色性スペクトルの極大値または極小値は一致する．

(大阪府立大学工学部)

総合演習問題

大学第 3 年次編入学試験問題を中心にした総合応用問題

1

次の各問に答えよ．
(1) a～c については化合物の構造式を，d～f については化合物名を記せ．
 a. isopropyl formate　　b. N,N-dimethylacetamide　　c. 1,2-dimethoxyethane
 d. (シクロオクタテトラエン構造式)
 e. (Br, Cl 置換炭化水素構造式)
 f. (4-フルオロ-2-ニトロ安息香酸構造式)

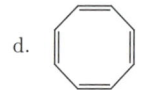

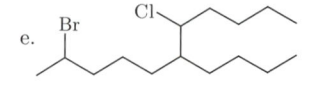

(2) 次の化合物 a～c の合成経路を各段階ごとに必要な試薬とともに化学反応式で示せ．ただし，合成経路中で無機試薬は自由に使用してもよいが，ベンゼンとエチレン以外の有機化合物を使用してはならない．
 a. 安息香酸
 b. 酢酸エチル
 c. エタノールアミン (2-aminoethanol)　　　　　　　(京都工芸繊維大学繊維学科)

2

次の各問に答えよ．
(1) a～c については化合物の構造式を，d～f については化合物名を記せ．
 a. 2-chloro-2-methylpropane　　b. isopropyl benzoate
 c. 2-hydroxyoctanoic acid　　d. BrCH$_2$CH$_2$Br
 e. (C$_6$H$_5$-CH$_2$CH$_2$OH 構造式)
 f. (Cl-C$_6$H$_4$-N(CH$_3$)$_2$ 構造式)

(2) 次の事項について，例となる化合物を示し，説明せよ．
 a. ラセミ混合物
 b. 求電子芳香族置換反応　　　　　　　　　　　　　(京都工芸繊維大学繊維学科)

3

次の反応による生成物を書け
グリニャール反応

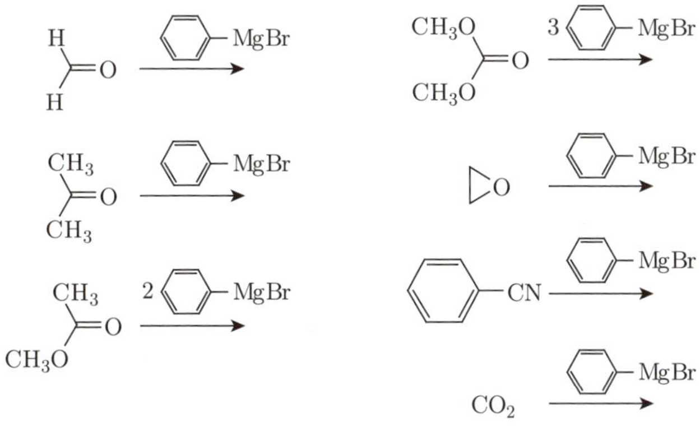

$HCHO + C_6H_5\text{-MgBr} \longrightarrow$

$(CH_3O)_2C=O + 3\ C_6H_5\text{-MgBr} \longrightarrow$

$CH_3COCH_3 + C_6H_5\text{-MgBr} \longrightarrow$

エポキシド(エチレンオキシド) $+ C_6H_5\text{-MgBr} \longrightarrow$

$CH_3COOCH_3 + 2\ C_6H_5\text{-MgBr} \longrightarrow$

$C_6H_5\text{-CN} + C_6H_5\text{-MgBr} \longrightarrow$

$CO_2 + C_6H_5\text{-MgBr} \longrightarrow$

芳香族の求電子・求核置換反応

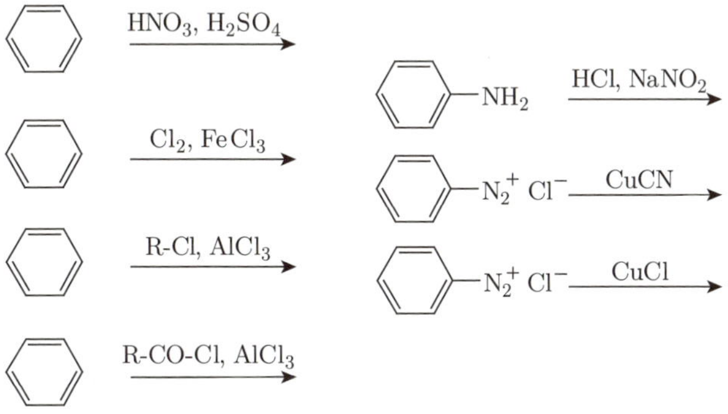

ベンゼン $\xrightarrow{HNO_3,\ H_2SO_4}$

ベンゼン $\xrightarrow{Cl_2,\ FeCl_3}$

ベンゼン $\xrightarrow{R\text{-}Cl,\ AlCl_3}$

ベンゼン $\xrightarrow{R\text{-}CO\text{-}Cl,\ AlCl_3}$

$C_6H_5\text{-}NH_2 \xrightarrow{HCl,\ NaNO_2}$

$C_6H_5\text{-}N_2^+\ Cl^- \xrightarrow{CuCN}$

$C_6H_5\text{-}N_2^+\ Cl^- \xrightarrow{CuCl}$

4

trans-2-メチルシクロヘキサノールを酸触媒の存在下で加熱すると，H_2O の脱離により 1-メチルシクロヘキセンが主生成物として得られる．

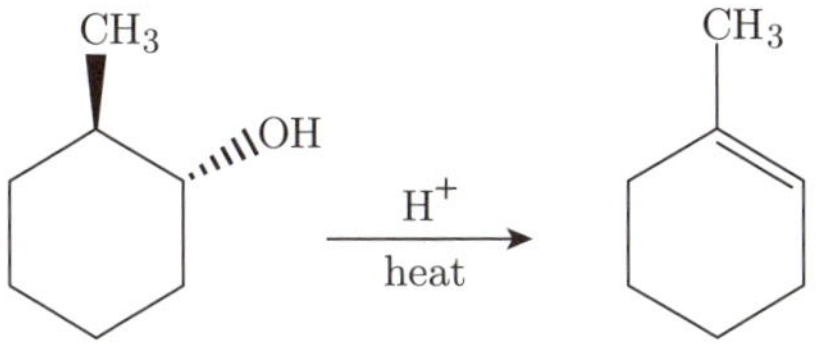

trans-2-メチルシクロヘキサノール $\xrightarrow[\text{heat}]{H^+}$ 1-メチルシクロヘキセン

一方，*trans*-1-ブロモ-2-メチルシクロヘキサンに EtONa を作用させると，HBr の脱離により 3-メチルシクロヘキセンが主生成物として得られる．

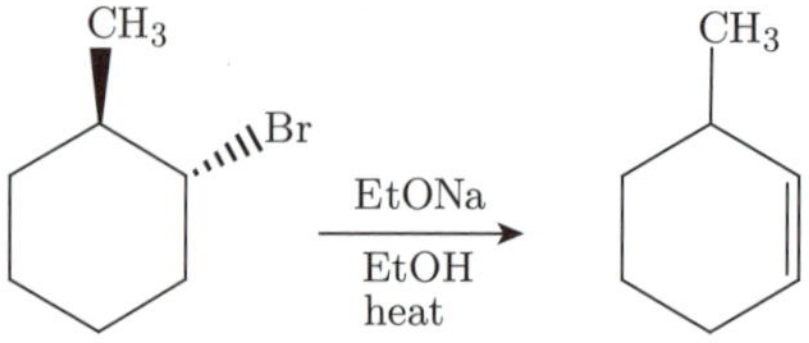

二つの脱離反応が異なる位置異性体を与える理由を，下記の語群の言葉をすべて用いて説明せよ．
語群：E1 反応，E2 反応，カルボカチオン，Saytzeff (ザイツェフ) 則，アンチ脱離

(京都大学工学部)

5

シクロヘキサノンを出発原料に以下のルートで 2-メチルシクロヘキサノールを合成する計画を立てた．次の問に答えよ．

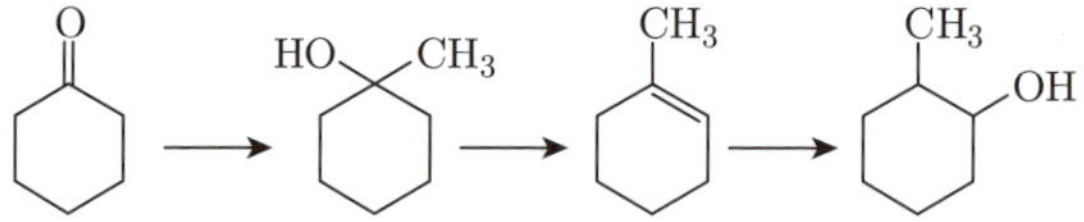

1) a から b への反応に使う試薬は何か．
2) b から c への反応にはリン酸を使い，反応は蒸留装置を用いる．系外に c を蒸留で留出させて得ることができる．なぜこのような方法を使うか述べよ．
3) c 以外に生成する物質はないか．なぜ c が優先するのか．
4) d の合成にはどのような試薬を用いればよいか．メチル基とヒドロキシル基の立体配置はどのようになっているのか． (大阪府立高等専門学校専攻科)

6

分子式 $C_8H_8O_2$ を持つ芳香族化合物 A から D に関する以下の設問に答えよ．
(1) 化合物 A を塩酸水溶液中で加熱すると安息香酸が得られる．化合物 A の構造式を書け．
(2) 化合物 B は水酸化ナトリウム水溶液に溶け，これを酸化マンガンと硫酸で酸化するとテレフタル酸が得られる．化合物 B の構造式を書け．また，化合物 B が水酸化ナトリウムに溶けやすい理由を書け．

(3) 化合物 C はパラ置換体で，水酸化ナトリウム水溶液には不溶である．これをアンモニア性硝酸銀水溶液に添加すると金属銀が析出する．化合物 C の構造式を書け．また，金属銀析出後の溶液を酸で処理して得られる有機化合物の構造式を書け．

(4) 化合物 D は 2 置換芳香族化合物で，水酸化ナトリウム水溶液に溶ける．また，これをヨウ素と水酸化ナトリウム水溶液に添加するとヨードホルムが発生する．化合物 D は 3 種の置換異性体 (o-, m-, p-) の中で，最も融点が低い．化合物 D の構造式を書け．また，この融点が置換異性体の中で最も低くなる理由を述べよ．

(大阪大学基礎工学部)

7

次の文を読んで化合物 A,B,C,D の構造式を書け

An alchol A, $C_5H_{10}O$, is an optically active compound. On catalytic hydogenation, the alchol A was converted to new optically inactive alchol B by absorption of 1 mol hydrogen. Treatment of the compound B with dilute sulfuric acid gave an olefin product C. The compound C was further treated with ozone in methylene chloride at $-78\,°C$ followed by treatment with zinc in acetic acid to afford two carbonyl compounds, D and acetaldehyde.

(大阪府立大学総合科学科，一部改変)

8

次の反応の主生成物の構造を書け．

$C_6H_5CH=CH_2$ $\xrightarrow{\text{1) } BH_3}{\text{2) } H_2O_2 / NaOH}$ $\boxed{A}$

CH_3Br $\xrightarrow{\text{1) Mg / ether}}{\text{2) } C_2H_5COCH_3}$ $\boxed{B}$

$CH_3CH=CH_2$ $\xrightarrow{HBr}$ $\boxed{C}$

$C_6H_5CO_2Me$ $\xrightarrow{LiAlH_4}{THF}$ $\boxed{D}$

(anisole) $\xrightarrow{C_6H_5COCl}{AlCl_3}$ $\boxed{E}$

(1-methylcyclohexene) $\xrightarrow{\text{1) } OsO_4}{\text{2) } NaHSO_3}$ $\boxed{F}$

$CH_3COCH_2CO_2CH_3$ $\xrightarrow{\text{1) } NaOCH_3}{\text{2) } CH_3Br}$ $\boxed{G}$

(cyclohex-2-enone) $\xrightarrow{Me_2CuLi}$ $\boxed{H}$

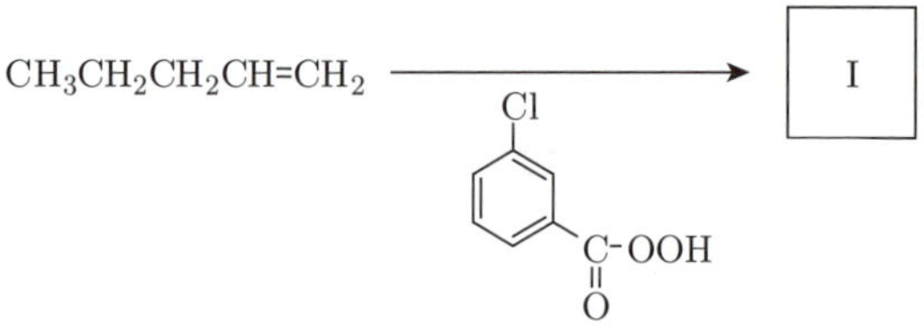

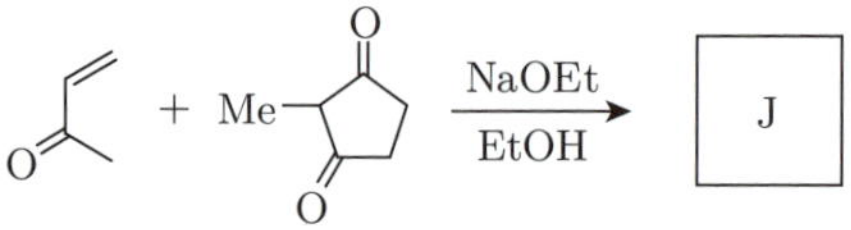

$$CH_3CH_2CH_2CH=CH_2 \xrightarrow{\text{m-Cl-C}_6\text{H}_4\text{C(O)OOH}} \boxed{I}$$

$$\text{methyl vinyl ketone} + \text{2-methyl-1,3-cyclopentanedione} \xrightarrow[\text{EtOH}]{\text{NaOEt}} \boxed{J}$$

(大阪府立大学総合科学科)

9

次の化合物をベンゼンを出発原料として合成せよ．なお，試薬は何を用いてもよい．
(　)内のヒントを必ずしも参考にする必要はない．
(1) 安息香酸 (臭素化，グリニャール (Grignard) 反応)
(2) フェノール (クメン法)
(3) 1-フェニルエタノール (Friedel-Crafts 反応，ヒドリド還元)

(大阪府立大学工学部)

10

次の空欄に適当な化合物の構造式を記し，反応式を完成せよ．

a)

$$\text{1-methylcyclohexene} \xrightarrow{O_3,\ CH_2Cl_2} \boxed{} \xrightarrow{(CH_3)_2S} \boxed{}$$

b)

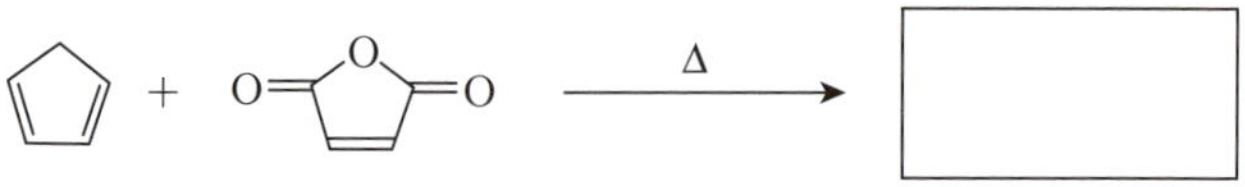

$$\text{cyclopentadiene} + \text{maleic anhydride} \xrightarrow{\Delta} \boxed{}$$

c)

$$CH_3CH_2CH_2ONa + \boxed{} \xrightarrow{DMSO} CH_3CH_2CH_2OCH_2CH_3$$

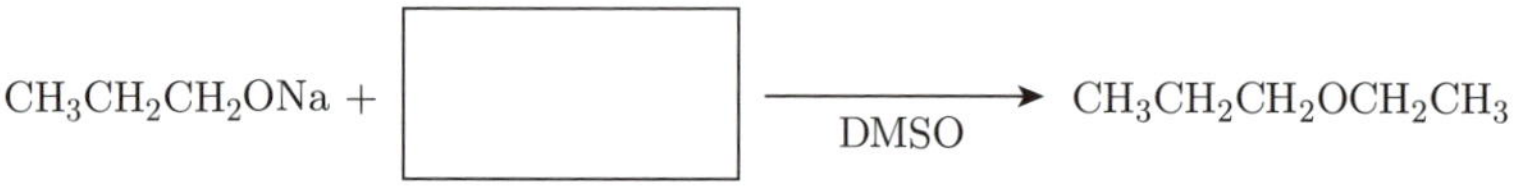

d)

$CH_3(CH_2)_3CH=CH_2$ ⟶ [ ] ⟶ $(CH_3(CH_2)_4CH_2)_3B$

$\xrightarrow[NaOH]{H_2O_2}$ [ ]

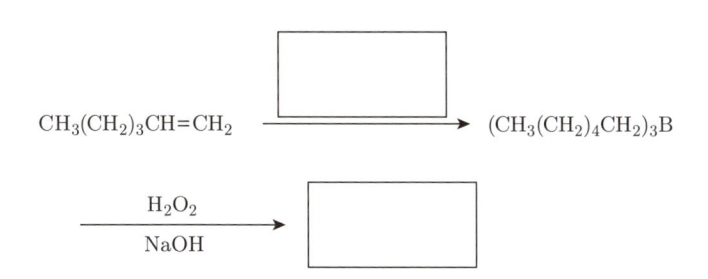

(大阪府立大学工学部)

11

次の反応式を完成させよ．
(a) ブロモベンゼンから安息香酸を合成する．
(b) 2-プロパノールから 2-メチルプロパン酸を合成する．
(c) 酢酸エチルとナトリウムエトキシドとの反応
(d) $CH_3CH_2CH_2OH$ から $CH_3CH_2CH_2CH_2OH$ を合成する．
(e) $CH_3CH_2CH_2OH$ から $CH_3CH_2CH_2CH_2CH_2OH$ を合成する．

(奈良高等専門学校専攻科)

12

D-グルコースの 1 位の炭素と D-フルクトースの 2 位の炭素間で脱水縮合を行い，二糖を作った．
1) この二糖の名称を答えよ．
2) この二糖の構造を Haworth 式で書け．
3) この二糖の溶液をアンモニア性硝酸銀溶液と混ぜて煮沸するとどうなるか．

(奈良高等専門学校専攻科)

13

次の用語について説明しなさい
(1) 電気陰性度
(2) π 結合
(3) Lewis 酸および Lewis 塩基
(4) Newman 投影式

(龍谷大学理工学部物質化学科)

14

1-メチルシクロヘキセン (1) にオキシ水銀化の方法で水和 (hydration) すると，位置選択的に 1-メチルシクロヘキサノール (2) が生成する．付加反応にこのような傾向があることを見いだしたロシアの化学者の名をとってマルコフニコフ (Markovnikov) 則という．

(1) 1-メチルシクロヘキセン (1) への水和により，2-メチルシクロヘキサノールを合成する方法を書き，なぜマルコフニコフ則と合わない結果になるのかを説明しなさい．
(2) 1-メチルシクロヘキセン (1) へ HCl を付加させると，マルコフニコフ則通りに，1-クロロ-1-メチルシクロヘキサンが生成する．この位置選択性が発現する理由を，中間体の構造から説明しなさい． (龍谷大学理工学部物質化学科)

15

立体化学に関する各問に答えよ．
2,3-ジクロロブタンにはキラル中心が 2 個存在する．van't Hoff 則に従えば，立体異性体が 4 個存在するはずである．しかし，実際には三つの立体異性体しか存在しない．このことを以下の順序に従って説明せよ．
(1) 2,3-ジクロロブタンの立体異性体として考えられる 4 通りの構造式をフィッシャー (Fischer) の投影式を用いて書け．
(2) それぞれのキラル中心の立体配置を R,S 表記法で示せ．
(3) 4 通りの構造式のうち 2 つは同じものであるが，その理由を説明せよ．このような立体異性体の名称を書け． (奈良女子大学理学部)

16

有機化合物の立体配置および立体配座に関する問 a)～e) のうち 4 つを選んで答えよ．
 a) 分子中に不斉炭素 1 個を有する天然有機化合物を一つ挙げ，構造式で示せ (絶対配置については示さなくてよい)．
 b) メソ (meso) 体について例 (構造式) を挙げて説明せよ．
 c) ジアステレオマー (diastereomer) の関係にある化合物の例をその違いがわかるよ

うに構造式を用いて1組示せ．
d) 光学活性な化合物を得る方法について簡単に説明せよ．
e) メチルシクロヘキサンの可能な配座を図示し，最も安定な配座はどれか，その理由とともに答えよ．
(東京工業大学)

17

以下の設問に答えよ．もし，必要であれば以下の数値を用いてもかまわない．
水素の原子量 = 1，炭素の原子量 = 12，窒素の原子量 = 14，酸素の原子量 = 16
成分元素が炭素・水素・酸素のみの化合物を 7.20 mg 採取し，元素分析を行った．その結果，H_2O：4.32 mg と CO_2：10.56 mg が生成した．この化合物の組成式を求めよ．（用いた数式も併記すること．数値のみの解答は不可とする．）
(名古屋大学工学部)

18

ベンゼンあるいはトルエンを出発原料として次の芳香族化合物を合成する反応式を書け．
ア．クロロベンゼン
イ．o-クロロ安息香酸
ウ．m-ブロモニトロベンゼン
エ．安息香酸
オ．o-ニトロトルエン
(豊橋技術科学大学)

19

ある鎖式飽和1価アルコールがある．その酢酸エステル 116 mg に 0.1 mol/l 水酸化ナトリウム水溶液を 25.0 ml 加えて，これを完全に加水分解した．その後，過剰のアルカリを中和するため 0.1 mol/l の塩酸を加えたところ 15 ml を要した．以下の問に答えよ．
(1) アルコールを ROH として酢酸エステルと水酸化ナトリウムの反応式を書け．
(2) 加水分解に用いられた水酸化ナトリウムのモル数を計算せよ．
(3) アルコールの分子式を求めよ．
(九州大学工学部，一部改変)

20

ベンゼン，アニリン，酢酸，フェノールのほぼ等量からなる混合物 A がある．A を 10％水酸化ナトリウム水溶液と振り混ぜてしばらく静置した後，油層 B と水層 C とに分けた．次に油層 B を 10％塩酸とふりまぜて，油層 D と水層 E に分け，この水層に 10％水酸化ナトリウム水溶液を加えていったら油層 F が出てきた．また，水層 C に二

酸化炭素を十分に吹き込むと油層 G がわかれてきた．以下の問に答えよ．
(1) D, F, G はそれぞれ何か．その構造式を書け．
(2) クメンの酸化により G を得るための原料は D, F のいずれか．
(3) 二酸化炭素を水に溶かすと弱酸性を示す．このときの反応式を書け．
(4) E から F への反応式を書け． (九州大学工学部)

21

p-クレゾール (4-メチルフェノール) と水酸化ナトリウム水溶液およびヨウ化メチルを用いウイリアムソンのエーテル合成を試みた．次の問に答えよ．
(1) この反応式を書け．
(2) 反応速度を上げるため，微量の臭化テトラブチルアンモニウムを加えた．この物質の構造式を示し，この物質が反応を加速する理由を明らかにせよ．
(3) 反応終了後，抽出された生成物を強アルカリである水酸化ナトリウム水溶液で洗浄する必要がある．なぜか．炭酸水素ナトリウム水溶液ではいけないのか．
(4) 生成物を IR および NMR 測定を行い構造決定を行った．IR では原料にあった $3300\,\mathrm{cm}^{-1}$ の幅広い吸収が消失した．重クロロホルムに溶解させて測定した ^{1}H-NMR (90 MHz) と ^{13}C-NMR (22.5 MHz) を下記に示した．この結果からこの生成物が得られたと判断してよいか，構造を帰属して述べよ．

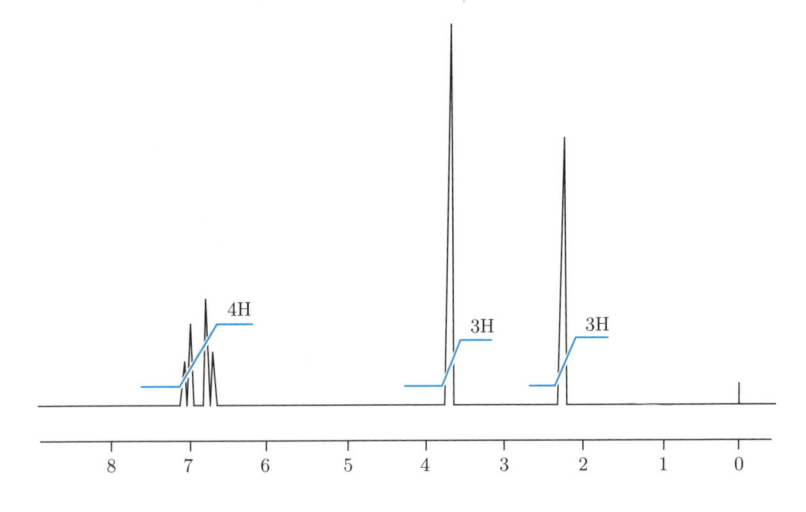

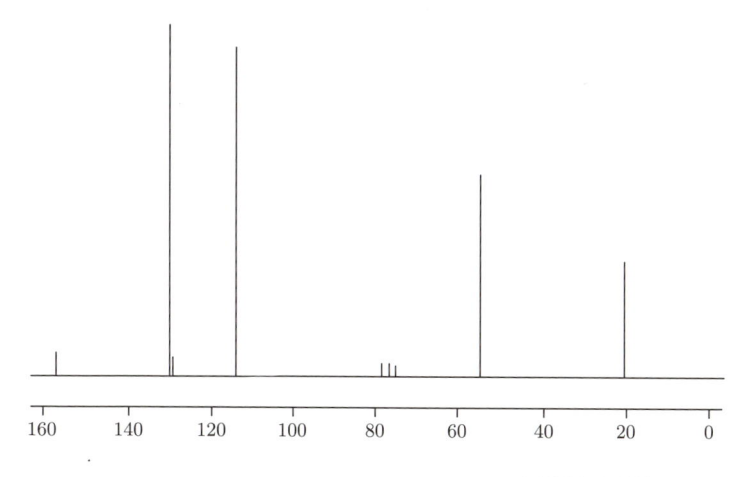

(大阪府立高等専門学校専攻科)

22

(1) 合成反応で過剰に使用した金属ナトリウムを処理するために分解したい．
(a) どのような反応を用いるか化学式を使って説明せよ．
(b) 分解の際，注意すべき点について知るところを述べよ．
(2) 臭化ベンゼン 10 mmol と金属 Mg 12 mmol とを反応させて，グリニャール試薬のジエチルエーテル 1.0 規定溶液を調製したい．
(a) どのような反応であるか化学式で示せ．
(b) 実際に必要とする試薬の重さ，用いる溶媒の量を示すとともに具体的な実験手順を示せ．ただし，原子量は，Br = 79.9, Mg = 24.3, H = 1.0, C = 12.0 とせよ．

(大阪大学工学部)

23

プロピレン ($CH_2 = CHCH_3$) を出発原料として合成することができる化合物に関し，以下の設問に答えよ．

(1) プロピレンに硫酸を用いて炭素–炭素二重結合に水を付加させると，炭素の数が三つであるアルコール A が主生成物として得られた．さらに，このアルコールを酸化するとケトン B が得られた．このアルコール A とケトン B の構造式を記せ．
(2) プロピレンをある触媒の存在下でベンゼンと反応させると，化合物 C が得られた．この化合物 C を空気酸化しさらに酸で分解すると，フェノールが得られる．この化合物 C の構造式を記せ．

(3) プロピレンをアンモニア存在下で空気酸化すると，化合物 D が得られた．この化合物 D を付加重合した高分子は，羊毛に似た感触があり毛糸やカーペットなどとして使用される繊維の原料となる．この化合物 D の化合物名を記せ．

(4) プロピレンをある条件で塩素と反応させると，分子量 76.5 の化合物 E が得られた．この化合物 E の元素分析を行ったところ，炭素および水素の含有量 (重量比) はそれぞれ 47.05％，6.53％であった．また，化合物 E を水酸化ナトリウム水溶液と反応させると，第 1 アルコールが得られた．この化合物 E の分子式と構造式を記せ．ただし，水素，炭素，塩素の原子量はそれぞれ 1，12，35.5 とする．

(5) 設問 (1) で得られたケトン B を出発原料にしてメチルイソブチルケトン (4-メチルペンタ-2-オン) を合成する経路を記せ． (大阪大学基礎工学部)

24

次の文を読んで，問 (a)〜(d) に答えよ．
アセトアルデヒドを水酸化ナトリウム水溶液で処理するとアルドールが生成する (アルドール縮合)．

(a) 上記の反応の第一段階では，塩基がアセトアルデヒドの α-水素を取り去って，エノラートアニオンが生成する．この第一段階の反応を化学式で示せ．

(b) 上記の反応の第二段階では，生成したエノラートアニオンが，もう 1 分子のアセトアルデヒドのカルボニル炭素に付加して，アルコキシドイオンが生成する．この第二段階の反応を化学式で示せ．

(c) 上記の反応の第三段階では，生成したアルコキシドイオンが，溶媒である水からプロトンを受け取って，アルドールが生成する．この第三段階の反応を化学式で示せ．

(d) 上記の反応の最終生成物は，慣用名でアルドールと呼ばれているが，この化合物を国際純正応用化学連合 (IUPAC) によって推奨されている命名法で命名せよ (答えはカタカナでも可)． (京都工芸繊維大学工芸学科)

25

次の文の ( ) 内に下の語群から適切な語句を選び記入せよ．同じ語句を何度使ってもよい．

1s 2s 2p sp sp^2 sp^3 σ π 直線 平面 立方体 正四面体

メタン分子は炭素原子の四つの ( ) 混成軌道と四つの原子の ( ) 軌道の重なりによっ

て生成する．生成したメタン分子は（　）構造を持ち四つの（　）結合からなっている．エチレン分子の炭素炭素二重結合は一つの（　）結合と一つの（　）結合からなっており，エチレン分子は（　）構造を持っている．
(京都工芸繊維大学工芸学科)

■ 26 ■

次の文の（　）内に下の語群から適切な語句や数字を選び記号(重複せず)で記入せよ．
A：プロトン　B：塩素陰イオン　C：イソプロピルカチオン　D：イソプロピルアニオン　E：n-プロピルカチオン　F：n-プロピルアニオン　G：1　H：2　I：安定　J：不安定　K：陽イオン　L：陰イオン

プロペンへの塩化水素の通常の付加反応の第1段階は炭素炭素二重結合への（　）の付加である．この段階には中間体である（　）あるいは（　）を与える2通りの経路が考えられる．第2段階で（　）が前者の中間体と結合したとすると2-クロロプロパンが生成し，後者の中間体と結合したとすると1-クロロプロパンが生成することになる．しかし，実際の反応では，（　）-クロロプロパンだけが生成する．この理由は，この反応では最も（　）な炭素（　）中間体が生成するように反応が進行するためと説明されている．
(京都工芸繊維大学工芸学科)

■ 27 ■

エタノールとベンゼンの混合物の一部を完全燃焼させたところ，二酸化炭素 4.4 g と水 1.62 g を生じた．ベンゼンおよびエタノールはそれぞれ何 mol 反応したことになるか．ただし，エタノール，ベンゼン，酸素，二酸化炭素および水の分子量はそれぞれ 46, 78, 32, 44, 18, とする．
(工学院大学工業化学科)

■ 28 ■

次の文章を読み，(1)～(5) に答えよ．なお，構造式は記入例にならって記せ．

$$\text{C}_6\text{H}_5-\overset{\overset{\text{O}}{\|}}{\text{C}}-\text{O}-\text{CH}_2-\text{CH}_3$$

（記入例）

アルケンの二重結合はオゾン分解により切断され，二つのカルボニル基を生じる．例えば，以下のアルケンからはオゾン分解によりケトンとアルデヒドが得られる．

$$\begin{matrix}\text{CH}_3-\text{CH}_2-\overset{\text{CH}_3}{\underset{\|}{\text{C}}}-\text{CH}_3\\ \text{CH}_3-\text{CH}_2-\text{CH}_2-\overset{}{\text{C}}-\text{H}\end{matrix} \xrightarrow{\text{"オゾン分解"}} \text{CH}_3-\text{CH}_2-\overset{\overset{\text{O}}{\|}}{\text{C}}-\text{CH}_3 \;+\; \text{CH}_3-\text{CH}_2-\overset{\overset{\text{O}}{\|}}{\text{C}}-\text{H}$$

化合物 A～E は，いずれも分子式が C_9H_{10} の一置換ベンゼンである．これらに対しオゾン分解を行ったところ，化合物 A～D からは以下に示すように化合物 F～J が生成したが，化合物 E は反応しなかった．さらに，化合物 J を水酸化ナトリウム水溶液中でヨウ素と加熱すると，化合物 K の黄色沈殿と化合物 L が生じた．

"オゾン分解"

化合物 A	→	F + G
化合物 B	→	F + G
化合物 C	→	H + I
化合物 D	→	J + I

(1) 化合物 A～D の中で互いに幾何異性体の関係にあるものを選んで，両方の記号を記せ．
(2) 化合物の H と J の構造式を記せ．
(3) 化合物 K の分子式を記せ．
(4) 化合物 L の構造式として正しいものを下から選んで，その記号を記せ．

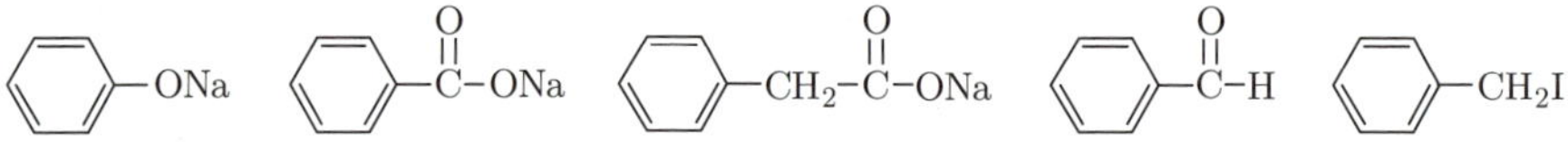

（ア）C₆H₅－ONa　（イ）C₆H₅－CO－ONa　（ウ）C₆H₅－CH₂－CO－ONa　（エ）C₆H₅－CHO　（オ）C₆H₅－CH₂I

(5) 化合物 E の構造式を記せ．

(北海道大学農学部)

29

以下の問 1～3 の答えを下記の I 群，II 群および III 群より選び記号で答えなさい．また，問 4～6 に答えなさい．

問 1　I 群に挙げた各物質を合成するのに必要な原料を II 群の中から一つ選びなさい．また目的の合成反応を進めるのに必要なものを III 群より必要な数だけ選びなさい．ただし，同じものを何回選んでもよいものとする．
問 2　I 群の中でジエチルエーテルに溶けにくいものを一つ選びなさい．
問 3　II 群の中で非共有電子対を持っていないものを選びなさい．
問 4　問 1 の解答に従い，クロロベンゼンを合成する場合の反応式を書きなさい．
問 5　問 1 の解答に従い，塩化ベンゼンジアゾニウムを合成する場合の反応式を書きなさい．
問 6　塩化ベンゼンジアゾニウムにフェノールのナトリウム塩水溶液を加えたときに得られる生成物の構造式を書きなさい．

(I 群)
A) アニリン B) 酢酸エチル C) クロロベンゼン D) 塩化ベンゼンジアゾニウム E) ピクリン酸 F) BHC
(II 群)
a) シクロヘキサン b) アニリン c) CH_3OH d) フェノール e) アセトン f) ニトロベンゼン g) CH_3CH_2OH h) ベンゼン i) CH_3CO_2H j) グリセリン
(III 群)
1) 濃塩酸 2) 濃硫酸 3) 濃硝酸 4) 酢酸 5) 空気 6) 光 7) 水素 8) 塩素 9) 炭酸ガス 10) Cu 11) Fe 12) Ni 13) Sn 14) 亜硫酸ナトリウム 15) 亜硝酸ナトリウム
(神戸大学工学部)

30

アミノ酸の合成法を三つ挙げよ．

31

今日，われわれの社会に極めて多種多様な高分子化合物が多量に存在している．これらは，われわれの生活に高い利便性を与える一方で，幾多の問題も引き起こしている．
(1) 諸君の身の回りにある合成高分子化合物の中から，(実際の製造工程でどのように作られているかは別にして) 付加反応で作れる高分子と縮合反応で作れる線状高分子をそれぞれ一つ取り上げ，その高分子および対応するモノマーの分子構造，ならびに生成化学反応式を書け．またそれぞれの高分子がどのようなところで使われているか？ そのようなところで使われている理由となる高分子の基本的な性質は何か？ について説明せよ．
(2) 通常の (例えば低分子化合物からなる) 固体の場合，日常的に問題になるのは基本的にその物質の融点である．しかし，高分子化合物の場合，融点以外にガラス転移温度がその実用性には大きく問題となる．このガラス転移温度とはどういうものか，簡潔に説明せよ．
(3) ホルムアルデヒドは，例えば TV コマーシャルにもしばしば見られるように，今日「有害化学物質」の代表のようにみなされている．しかし，ホルムアルデヒドを継ぎ手として作られる3次元高分子が多数ある．そのうち一つを取り上げ，その生成反応式と，できた3次元高分子がどのようなところで使われているかを説明せよ．
(4) われわれの身体も多数の高分子化合物からできている．これらいわゆる生体高分

子を 三つ 取り上げ，それらが主に生体で担っている役割，およびその「高分子化」反応に使われている結合 (名称および化学構造) を説明せよ．

(京都工芸繊維大学繊維学科)

32

多糖類の性質に関する次の文を読み，下の問に答えよ．

デンプンは多数の (A) が (ア) 重合した構造を持つ高分子化合物で，重合度を n とするとその分子式は (イ) で表される．植物体のデンプンには，枝分かれ構造を持ち，温水にも溶けない (ウ) と，直鎖構造で温水に溶ける (エ) がある．デンプンを酵素 (オ) で加水分解処理すると，デキストリンを経て，分子式が (カ) で表される二糖類 (キ) を生じる．

一方，デンプンと同じ化学式で表されるセルロースは，多数の (B) からできた高分子化合物であり，デンプンとは異なる性質を示す．セルロースは植物繊維の素材であり，酵素 (ク) によって二糖類の (ケ) になる．また，セルロース単位構造に含まれる (コ) 個の水酸基を，硝酸や無水酢酸を用いて (サ) 化させることで，綿火薬やアセテート繊維などの有用な物質を得ている．

(1) 文中の A，B に当てはまる物質名を記せ．また，A の構造式は下図のように表される．これにならって，B の構造式を示せ．

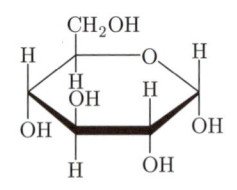

(2) 文中の ( ) 内に適切な語句や数値，化学式を記入せよ．
(3) 文中の下線部において，均一な分子種からなるデンプンが 16.2 g を加水分解したときに得られる二糖類は，理論上何 g になるか．
(4) 文中の下線部について，デンプンには見られるがセルロースには見られない呈色反応の名称を一つ示せ．
(5) 文中下線部について，木材のセルロースをいったん溶液状にした後，長い繊維状に再生したものを一般に何というか．その名称を記せ．

(北海道大学農学部)

発展演習問題

大学院入学試験問題の基礎的な問題

1

次の化合物を水中における塩基性の強さの順に並べよ (不等号 (>) を用いよ). そして, そのように考えた理由を述べよ.

Me_3N $MeNH_2$ Me_2NH ピロール   ピリジン

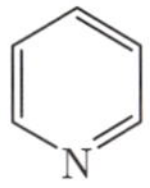

(京都大学大学院理学研究科)

2

プロペンに対する臭化水素の付加反応は, 下式に示すように反応条件 a) および b) により主生成物が異なる. このように主生成物が異なる理由を説明せよ.

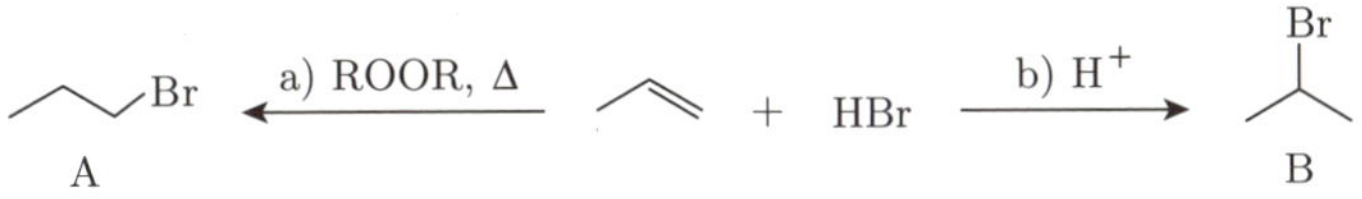

A (CH₃CH₂CH₂Br) ← a) ROOR, Δ ── プロペン + HBr ── b) H⁺ → B ((CH₃)₂CHBr)

(京都大学大学院理学研究科)

3

1) 以下に示す有機合成反応について, 与えられた出発物質から目的化合物を選択的に合成する経路を, 必要な試薬, 条件とともに示せ. その際, 中間体である各ステップの生成物も構造式で示せ. なお, 下式に示す (→) の数と合成のステップ数は関係はない.

2) b), c) および d) の反応は人名反応である. 反応名を記せ.

a) $CH_3COCH_2CO_2C_2H_5 \longrightarrow \longrightarrow CH_3COCH_2CH_2CH_3$

b) $BrCH_2CO_2CH_3 \longrightarrow \longrightarrow HOCH_2CH_2CO_2CH_3$

c) $CH_3COCH_3 \longrightarrow \longrightarrow CH_3CONHCH_3$

d) $C_2H_5OCOCH_2CH_2CH_2CH_2CO_2C_2H_5$ ⟶⟶ (シクロペンタノン-2-カルボン酸エチル)

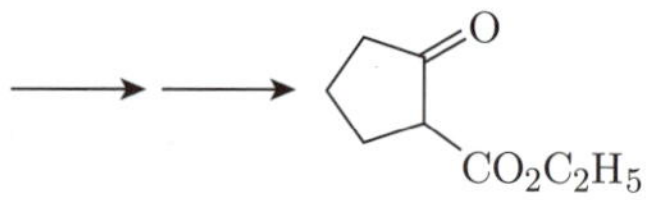

(京都大学大学院理学研究科)

4

シクロヘキサン誘導体の立体化学に関する以下の設問に答えよ．
(a) cis-1,2-ジメチルシクロヘキサン (A) および trans-1,2-ジメチルシクロヘキサン (B) の最も安定ないす形立体配座を書け．環に直接結合している水素は省略してよい．
(b) 化合物 A および B のどちらのほうが安定か．理由とともに記せ．
(c) 化合物 A と B のように，互いに鏡像体ではない立体異性体のことを何と呼ぶか．
(d) 化合物 A，B のうち一方はアキラルな化合物である．このようなアキラルな化合物は一般に何とよばれるか．
(e) trans-1,3-ジメチルシクロヘキサンおよび trans-1,4-ジメチルシクロヘキサンはそれぞれキラルかアキラルか．理由とともに記せ．

(大阪大学大学院基礎工学研究科)

5

芳香族化合物に関する以下の設問に答えよ．
(a) ベンゼンは一般的に求電子付加反応ではなく求電子置換反応を受ける．その理由を説明せよ．
(b) ベンゼンから安息香酸を合成する方法を反応式で示せ．
(c) 安息香酸を臭化鉄 (III) の存在下で臭素と反応させて得られる主生成物の構造式を書き，この反応の位置選択性について構造式を用いて説明せよ．
(d) 安息香酸と m-クロロ安息香酸ではどちらが強い酸であるか．理由とともに記せ．

(大阪大学大学院基礎工学研究科)

6

化合物 A，B，C および D はすべて六員環炭素骨格を含み，かつ分子式 C_8H_{14} で表される．以下の設問に答えよ．なお，構造式には立体化学を明記し，鏡像異性体が存在する化合物についてはそのどちらか一方のみを解答せよ．
(1) 化合物 A にオゾンを作用させた後，酢酸中，亜鉛で処理したところジケトン E

が得られた．また，化合物 A に PtO_2 の存在下で水素を作用させたところ単一の生成物 F が得られた．化合物 A，E および F の構造式を示せ．
(2) 化合物 B に PtO_2 の存在下で水素を作用させたところ化合物 F とその異性体 G との混合物が得られた．化合物 G の構造式を示せ．さらに化合物 B と考えられる構造式を二つ示せ．
(3) 化合物 C に THF 溶液中で BH_3 を作用させた後，塩基溶液中で過酸化水素水で処理したところ，第一級アルコール H が生成した．一方，化合物 C に酢酸水銀(II)を作用させた後，$NaBH_4$ で処理したところ，第二級アルコール I が得られた．化合物 C，H および I の構造式を示せ．
(4) 化合物 D にオゾンを作用させたが反応しなかった．また，化合物 D は旋光性を示した．化合物 D と考えられる構造式のうち五つを示せ．

(北海道大学大学院理学研究科)

7

有用な有機合成には人名を冠したものが多い．次の人名反応について，空欄 1〜9 に当てはまる化合物の構造式を，また空欄 a〜c に当てはまる試薬の化学式を記せ．
(1) Cannizzaro 反応

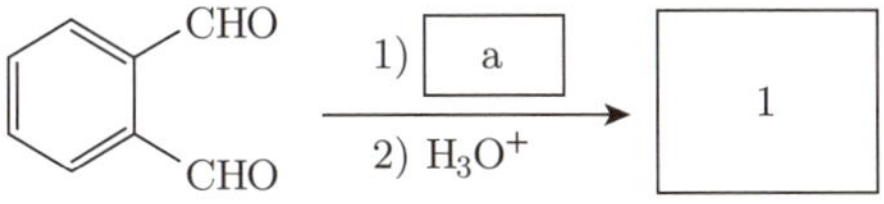

(2) Wolff-Kishner 還元

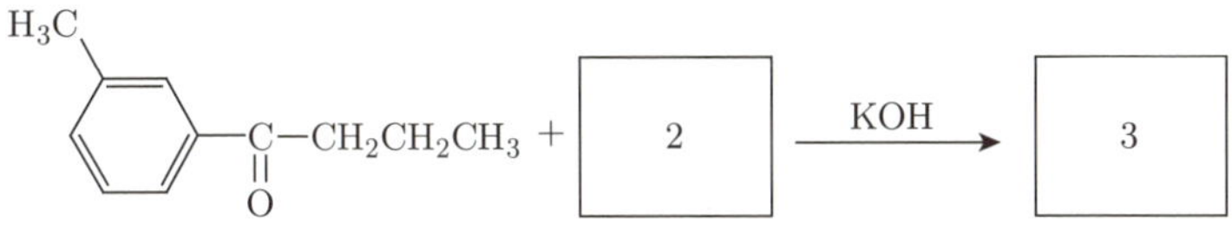

(3) Simmons-Smith 反応

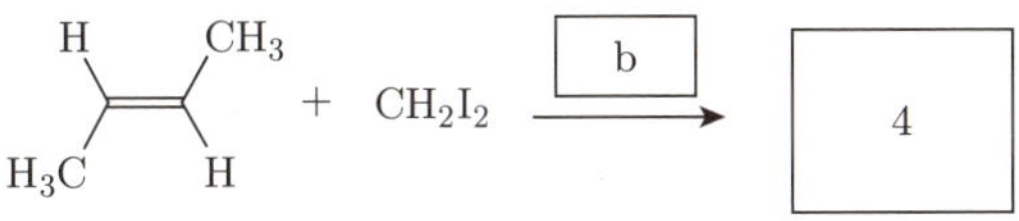

(4 は立体化学も明示せよ)

(4) Wittig 反応

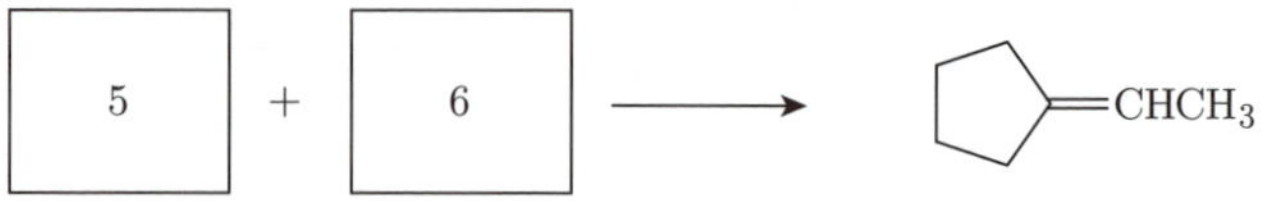

[5] + [6] ⟶ シクロペンチリデン=CHCH$_3$

(5) Williamson エーテル合成

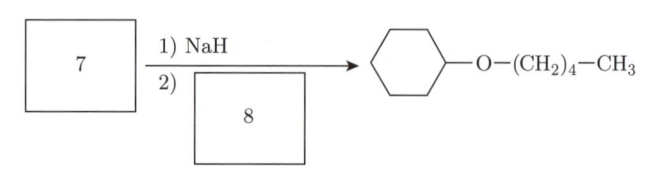

[7] $\xrightarrow{\text{1) NaH} \atop \text{2) [8]}}$ C$_6$H$_{11}$–O–(CH$_2$)$_4$–CH$_3$

(6) Friedel-Crafts 反応

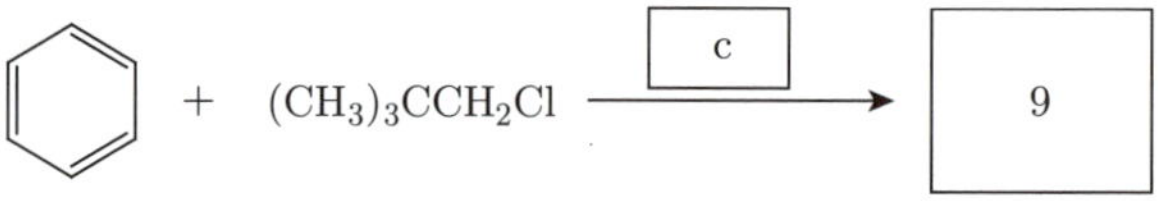

C$_6$H$_6$ + (CH$_3$)$_3$CCH$_2$Cl $\xrightarrow{\text{c}}$ [9]

(北海道大学大学院理学研究科)

8

下記の空欄に当てはまる主要な生成物および中間体の構造式を記せ. ただし, 3) の X, Y, Z は主要な生成物と直接関係ない化合物である.

1)

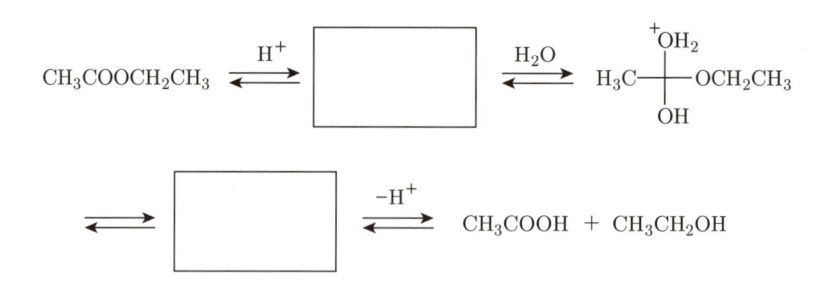

CH$_3$COOCH$_2$CH$_3$ $\underset{}{\overset{H^+}{\rightleftharpoons}}$ [ ] $\underset{}{\overset{H_2O}{\rightleftharpoons}}$ H$_3$C–C(OH$_2^+$)(OCH$_2$CH$_3$)(OH)

$\rightleftharpoons$ [ ] $\underset{}{\overset{-H^+}{\rightleftharpoons}}$ CH$_3$COOH + CH$_3$CH$_2$OH

2)

CH$_3$COOCH$_2$CH$_3$ $\underset{}{\overset{OH^-}{\rightleftharpoons}}$ [ ] ⟶ CH$_3$COO$^-$ + CH$_3$CH$_2$OH

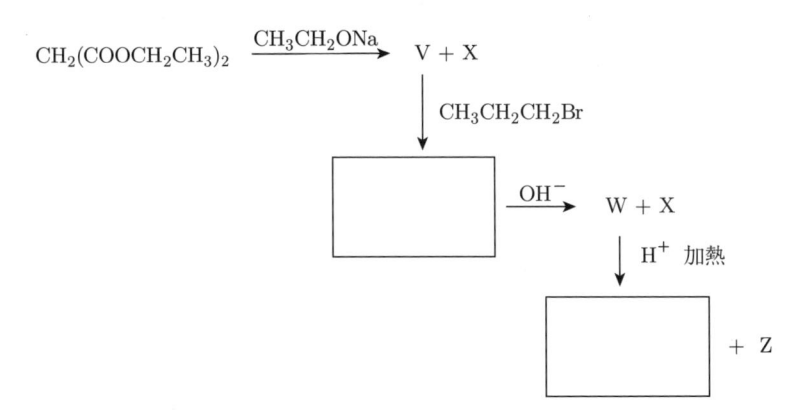

3)

$$CH_2(COOCH_2CH_3)_2 \xrightarrow{CH_3CH_2ONa} V + X$$

$$\downarrow CH_3CH_2CH_2Br$$

[ ] $\xrightarrow{OH^-}$ W + X

$\downarrow H^+$ 加熱

[ ] + Z

(大阪大学大学院理学研究科)

問題解答

1章の問題

◆ **問題 1.1** C_{60} は炭素だけでできた物質であり,「単体」と呼ぶ. 黒鉛 (グラファイト) やダイヤモンドの仲間であるため「化合物」でない.

$NaCN$ や NH_4OCN, $NaHCO_3$ も一見有機物のように思えるがシアン化物やシアン酸, 炭酸などは単純な構造であり一種の「炭素の酸化物」と考えられるので無機化合物に分類される.

$CO(NH_2)_2$ の分子式はシアン酸アンモニウムと変わらないが,「アミド」(またはウレア) と言う官能基を有した有機化合物である.

CH_4 は最も構造の簡単な有機物である. 飽和炭化水素と呼ばれ「アルカン」の基本形である.

◆ **問題 1.2** 濃硫酸と濃硝酸 の混酸にベンゼンをおだやかに室温で滴下した. よく撹拌しながら徐々に加熱し, 60℃ で一時間撹拌 した. 室温に戻し反応混合物を氷水に注ぎ, 分液操作で水層を除去し, 炭酸水素ナトリウム水溶液で有機層を洗浄後, 減圧蒸留しニトロベンゼンを 収率 80 % で得た.

$$\text{ベンゼン} \xrightarrow[60℃, 1h]{H_2SO_4,\ HNO_3} \text{ニトロベンゼン}$$
収率80%

実際の有機化学実験では反応終了後の処理は「後処理」と呼び, 大変重要な作業であるが, 反応式そのものではこの後処理を書くことは少なく, 試薬, 反応温度, 反応時間, 溶媒, 収率などをコンパクトにまとめるのが通例となっている.

◆ **問題 1.3**

フッ素	$1s^2 2s^2 2p_x^2 2p_y^2 2p_z$
ナトリウム	$1s^2 2s^2 2p_x^2 2p_y^2 2p_z^2 3s$
アルミニウム	$1s^2 2s^2 2p_x^2 2p_y^2 2p_z^2 3s^2 3p_x$

アルミニウムは M 殻に電子が 3 個 ($3s^2 3p_x$) 存在する. L 殻はオクテットを保っており, 安定である. そこで 3 個の価電子を失うとネオンの構造と等しくなり, 安定なオクテット構造をとる. 原子核には陽子が 13 個あり, 電子は 10 個なのでアルミニウムイオンは 3 価で Al^{3+} となる.

◆ 問題 1.4

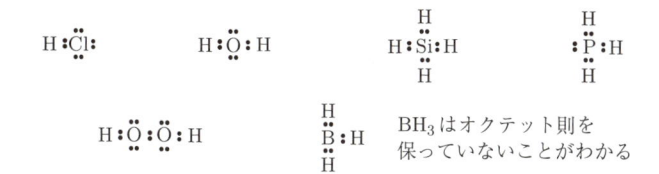

H:Cl:　　　H:O:H　　　H:Si:H（上下にH）　　　:P:H（上下にH）

H:O:O:H　　　H-B:H（上下にH）　　BH₃ はオクテット則を保っていないことがわかる

◆ 問題 1.5　次の分子のうち色の付いた原子の混成軌道を書け.

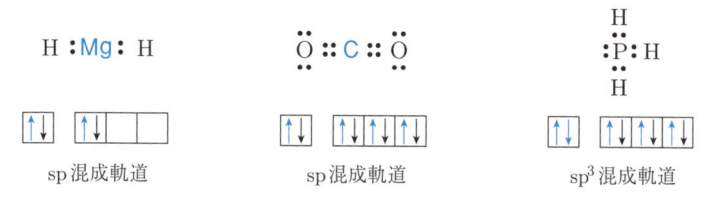

H:Mg:H　　　:O::C::O:　　　:P:H（上下にH，側にH）

sp混成軌道　　　sp混成軌道　　　sp³混成軌道

◆ 問題 1.6

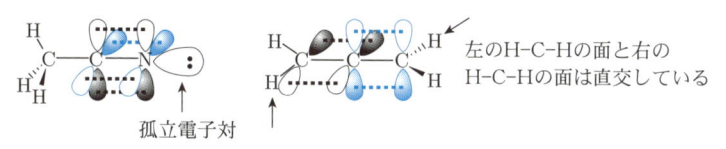

（左図）孤立電子対
（右図）左のH–C–Hの面と右のH–C–Hの面は直交している

2章の問題

◆ 問題 2.1　(1) 炭素鎖が最も長くなるように主鎖を配置すると

$$\underset{\underset{CH_3}{|}}{\overset{CH_2CH_3}{\underset{1\ \ 2\ \ 3\ |4\ 5\ 6\ 7}{CH_3CH_2CHCHCH_2CH_2CH_3}}}$$

となる．置換基が最も小さくなるよう番号を付けると，上記のようになり，この化合物は 3-methyl-4-propylheptane となる．

(2) 一見，主鎖は横に配置された「ヘプタン」のように見えるが，炭素鎖が最も長くなるように配置すると

$$\underset{\underset{CH_3}{|}}{\overset{\overset{6\ \ 7\ \ 8}{CH_2CH_2CH_3}}{\underset{1\ \ 2\ \ 3\ \ 4\ \ 5|}{CH_3CHCH_2CH_2CHCH_2CH_3}}}$$

となる．置換基が最も小さくなるように番号を付けると，5-ethyl-2-methyloctane となる (4-エチル 7-メチルオクタンではない)．
(3) 主骨格は環状で炭素数 6 であることからシクロヘキサン誘導体である．よって，1,3-Dimethylcyclohexane となる．

◆ 問題 2.2

$$CH_3-CH_2-CH_2-CH_2-CH_3 \qquad CH_3-CH_2-\underset{\underset{CH_3}{|}}{CH}-CH_3 \qquad H_3C-\underset{\underset{CH_3}{|}}{\overset{\overset{CH_3}{|}}{C}}-CH_3$$

pentane　　　　　　　　2-methylbutane　　　　　2,2-dimethylpropane

◆ 問題 2.3 これも同様に考えればよいので

アンチ型　　　重なり型　　　ゴーシュ型　　　重なり型　　　ゴーシュ型　　　重なり型
最も安定　　　　　　　　　　　　　　　　　最も不安定

となる．

◆ 問題 2.4 (1) この不斉炭素に結合している原子は炭素とフッ素，塩素，臭素である．最も原子番号の小さい炭素を不斉炭素の後ろ側に置き，矢印方向から分子を眺める．

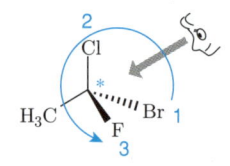

すると，原子番号が 1 番大きな臭素，2 番目の塩素，3 番目のフッ素の順に眺めると左回りに見える．よって S 体である．
(2) フィッシャー投影法では上下が紙面裏側，左右が紙面手前側と考える．この場合，順位規則が最も小さいものが水素なので

下から不斉炭素を見る．CIP 順位規則でメチル基が最も小さく，プロピル基が大きくなるので R 体となる (一般的に，フィッシャー投影法では上下方向に炭素鎖が長くなるように書く)．
(3) 紙面裏側から不斉炭素を見ればよいから，アミノ基，カルボキシル基，メチル基の順で S 体である．

(4) 糖のように不斉炭素が複数あった場合は，それぞれの不斉炭素に RS 配置を決めなければならない．

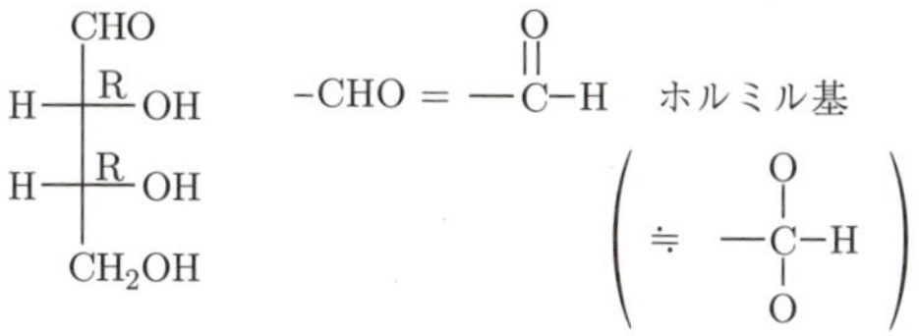

$$\begin{array}{c} \text{CHO} \\ \text{H}\underset{\text{R}}{-}\text{OH} \\ \text{H}\underset{\text{R}}{-}\text{OH} \\ \text{CH}_2\text{OH} \end{array} \quad -\text{CHO} = -\overset{\overset{\text{O}}{\|}}{\text{C}}-\text{H} \quad \text{ホルミル基} \quad \left(\simeq -\overset{\overset{\text{O}}{|}}{\underset{\underset{\text{O}}{|}}{\text{C}}}-\text{H} \right)$$

また，ホルミル基には炭素-酸素二重結合がある．これは炭素に酸素が 2 個結合している (上図) と考えればよい．

(5) 酒石酸は不斉炭素が二つある．しかし，出題されたこの酒石酸 (エリスロ体) は上下が対称であるため，光学異性体のもう一つの物質と全く同一のものである．

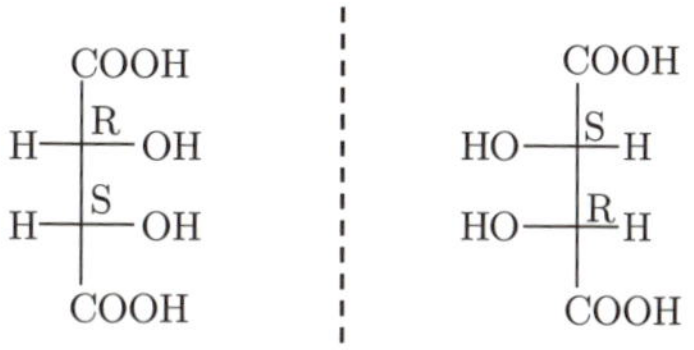

$$\begin{array}{c} \text{COOH} \\ \text{H}\underset{\text{R}}{-}\text{OH} \\ \text{H}\underset{\text{S}}{-}\text{OH} \\ \text{COOH} \end{array} \quad \Big| \quad \begin{array}{c} \text{COOH} \\ \text{HO}\underset{\text{S}}{-}\text{H} \\ \text{HO}\underset{\text{R}}{-}\text{H} \\ \text{COOH} \end{array}$$

この両者の関係を**メソ (meso) 体**と呼ぶ．この物質には光学活性はない．なお，スレオ体の酒石酸 (RR 体，SS 体) は互いが光学異性体であり，それぞれ光学活性がある．

3 章の問題

◆ **問題 3.1** C_5H_{10} の分子式を持つ化合物として，直鎖構造と枝分かれ構造を持つものの 2 種類に分けて考えると

$$\text{H}_2\text{C}=\text{CH}-\text{CH}_2-\text{CH}_2-\text{CH}_3 \qquad \text{CH}_3-\text{CH}=\text{CH}-\text{CH}_2-\text{CH}_3$$
1-pentene   2-pentene

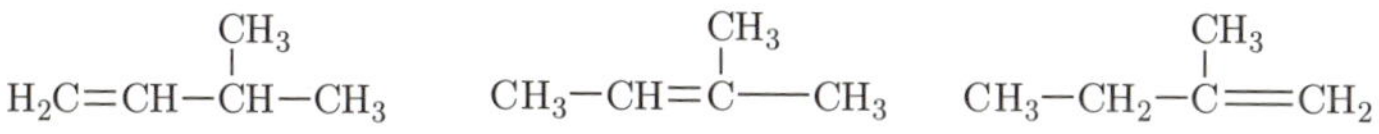

$$\text{H}_2\text{C}=\text{CH}-\overset{\overset{\text{CH}_3}{|}}{\text{CH}}-\text{CH}_3 \qquad \text{CH}_3-\text{CH}=\overset{\overset{\text{CH}_3}{|}}{\text{C}}-\text{CH}_3 \qquad \text{CH}_3-\text{CH}_2-\overset{\overset{\text{CH}_3}{|}}{\text{C}}=\text{CH}_2$$
3-methylbut-1-ene   2-methylbut-2-ene   2-methylbut-1-ene
3-methyl-1-butene   2-methyl-2-butene   2-methyl-1-butene

以上の 5 種類が挙げられる．C_5H_{10} の分子式を持つものとして他に環状構造を持つものがあるが，二重結合を一つ有すると定義されているのでこの場合解答には当てはまらない．

なお，3-methylbut-1-ene のほかに 3-メチル-1-ブテン (3-methyl-1-butene) という表記方法もある．これは CAS (Chemical Abstracts Service) で構造式を表す際，一般的に用いられている命名法である．今後より複雑な化合物の存在が予想されるため，IUPAC のルールに従い，本書では二重結合の位置をわかりやすくかつ正確に表記するために 3-methylbut-1

-ene と表記する.

◆**問題 3.2** アルケンへのハロゲン化アルキルの付加はより安定な 3 級カチオンを経由する反応機構をとるため，一般にマルコフニコフ則に従った生成物を与える．

主生成物
1-bromo-1-methycyclohexane

より安定な
3 級カチオン

副生成物
2-bromo-1-methycyclohexane

2 級カチオン

よって主生成物は 1-ブロモ-1-メチルシクロヘキサンとなる．ただし，溶媒中に過酸化物があったり，酸素が多く含まれていたり，直射日光が当たるなどの条件により，ラジカル反応が進行する場合がある．この場合はアンチマルコフニコフ型の生成物が優先して得られる．

◆**問題 3.3** エタン，エチレン，アセチレンの炭素の混成軌道はそれぞれ，sp^3, sp^2, sp 混成軌道である．

エタン
sp^3 混成軌道

エチレン
sp^2 混成軌道

アセチレン
sp 混成軌道

ここで，それぞれの混成軌道を占める s の割合を計算する．すなわち sp^3 混成のエタンは 4 本の結合のうち s の占める割合は 1/4 であり 25％と表すことができる．同様にエチレンは 33％でアセチレンは 50％である．これを混成軌道における s 性と表記する．p 軌道はそれぞれ p_x, p_y, p_z と直交しそれぞれのベクトル方向に延びているが，s 軌道は球状で原子核周辺に偏っている．s 性が高いということは電子がより原子核に引き寄せられているので共役塩基であるアルキルアニオンを安定化することを示している．よってアセチレンはプロトンを放出しやすく酸性度が高い．つまり酸性度は アセチレン ＞ エチレン ＞ エタン となる．

◆**問題 3.4** 出発原料のメチルアセチレンは炭素数 3 で，最終生成物のペンテンは炭素数 5 である．よってまず二炭素増炭する必要がある．メチルアセチレンは強塩基により求核性を持つメチルアセチレニドに導くことができるので，脱離基を有したエタン誘導体との求核置換反応によりまず pent-2-yne を合成する．続いて熱力学的に不安定な *cis* 体を合成するため

にはアルキンを金属触媒により部分還元する方法が最適である．

$$H_3C-C\equiv C-H \xrightarrow{NaNH_2} H_3C-C\equiv C^- \ Na^+$$

$$\xrightarrow{CH_3-CH_2-I} CH_3-C\equiv C-CH_2-CH_3 \xrightarrow[\text{Lindlar触媒}]{H_2} \underset{cis\text{-2-pentene}}{\overset{H_3C\quad\quad CH_2-CH_3}{\underset{H\quad\quad\quad H}{C=C}}}$$

Lindlar触媒（被毒触媒）
$(Pd + Ba(CO_3)_2 + キノリン)$

◆ 問題 3.5　1,3-ブタジエンはディールス・アルダー反応を行う上で入手容易な非常に好ましいジエンである．このジエンには<u>電子吸引性置換基</u>を有するジエノフィルが好ましい基質といえる．よってこの反応は

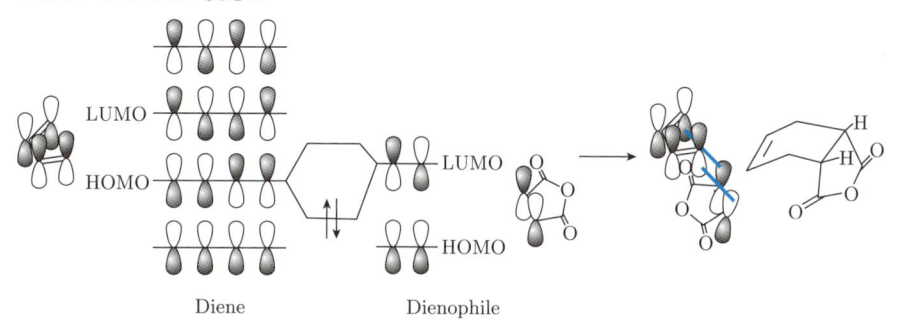

Diene　　　　　　Dienophile

このような経路をとる．ジエンの HOMO とジエノフィルの LUMO が相互作用し，新しい σ 結合を形成する．この際，軌道が都合よく重なる（ローブの白と黒が重なる）ためには，実際はカルボニルもの平面もジエンに近づくように配置するため endo-cis と呼ばれる形（上記）に環化する．

1,3-ブタジエンへの臭素の付加は電子不足の求電子試薬であるブロモカチオンのアルケンへの付加から始まる．

$$CH_2=CH-CH=CH_2 + Br-Br \longrightarrow$$

$$\left[\underset{\text{2位}}{CH_2=CH-\overset{+}{CH}-\overset{Br}{CH_2}} \longleftrightarrow \underset{\text{4位}}{\overset{+}{CH_2}-CH=CH-\overset{Br}{CH_2}}\right]$$

アリルカチオン

$$\underset{\text{3,4-ジブロモ-1-ブテン}}{CH_2=CH-\overset{Br}{CH}-\overset{Br}{CH_2}} \qquad \underset{\text{1,4-ジブロモ-2-ブテン}}{\overset{Br}{CH_2}-CH=CH-\overset{Br}{CH_2}}$$

1,2付加　　　　　　　　　　　　1,4付加

生成するアルキルカチオンであるが，二重結合が共役しているとこのカチオンは共鳴効果により非局在化した**アリルカチオン**となり 2 位および 4 位に陽電荷を帯びた状態になる．このためブロモアニオンは 2 位あるいは 4 位に結合することになる．よって生成するジブロモ体は 3,4-ジブロモ-1-ブテン (1,2 付加) と 1,4-ジブロモ-2-ブテン (1,4 付加) である．ちなみに，1,2-付加体が**速度論支配**生成物であり，1,4-付加体が**熱力学支配**生成物である．

◆ **問題 3.6**　ベンゼンに炭素を導入するにはフリーデルクラフツ反応が最も一般的である．アルキルベンゼンはフリーデルクラフツアルキル化反応で合成できる．

$$CH_3-CH_2-CH_2-Cl + AlCl_3 \longrightarrow [CH_3-CH_2-CH_2^+ \ AlCl_4^-] \xrightarrow{\text{C}_6\text{H}_6} CH_3-CH_2-CH_2-\text{C}_6\text{H}_5$$

一見，この反応が最も普通のように思えるが，実際には**多アルキル化**や**アルキルカチオンの転位反応**が起こってしまう．

出発原料のベンゼンよりもモノアルキル化生成物であるプロピルベンゼンのほうが π 電子密度が増加して反応性が上がっているために，多アルキル化が進行してしまう．

$$[CH_3-CH_2-CH_2^+ AlCl_4^-] \xrightarrow{CH_3-CH_2-CH_2-\text{C}_6\text{H}_5\ (\text{より }\pi\text{ 電子密度の高いプロピルベンゼン})} CH_3-CH_2-CH_2-\text{C}_6\text{H}_4-CH_2-CH_2-CH_3$$

p-ジプロピルベンゼン

$$CH_3-\underset{H}{\overset{H}{C}}-\underset{H}{\overset{H}{C}}{}^+-H \longrightarrow CH_3-\underset{H}{\overset{+}{C}}-\underset{H}{\overset{H}{C}}-H \xrightarrow{\text{C}_6\text{H}_6} H-\underset{CH_3}{\overset{CH_3}{C}}-\text{C}_6\text{H}_5$$

より安定な二級カチオン　　　　イソプロピルベンゼン

また，第一級カチオンであるプロピルカチオンは不安定なため安定なイソプロピルカチオンに転位し，これがベンゼンと反応してイソプロピルベンゼンを与える．多アルキル化と第一級アルキル基の転位を回避する方法として**フリーデルクラフツアシル化反応**を利用して，その後**アルカンまで還元**する方法がある．

$$CH_3-CH_2-\overset{O}{\underset{}{C}}-Cl + AlCl_3 \longrightarrow CH_3-CH_2-\overset{O}{\underset{}{C}}{}^+ + AlCl_4^- \xrightarrow{\text{ベンゼン}} CH_3-CH_2-\overset{O\ AlCl_3}{\underset{}{C}}-\text{Ph}$$

$$CH_3-CH_2-\overset{O}{\underset{}{C}}-\text{Ph} \xrightarrow[\text{KOH}]{H_2N-NH_2} CH_3-CH_2-CH_2-\text{Ph}$$

$$CH_3-CH_2-CH_2-\text{Ph} > \text{Ph} > CH_3-CH_2-\overset{O}{\underset{}{C}}-\text{Ph}$$

ベンゼン環の π 電子密度の高さ

　この方法なら転位反応も起こらず，ベンゼンに比べ生成物の π 電子密度が低下しているため，多アルキル化が起こらない．最後にウォルフ-キッシュナー還元またはクレメンゼン還元でプロピルベンゼンに導く．

◆ **問題 3.7** 目的物質をヨードベンゼンと定めた場合，どのように合成するかを考える方法に「逆合成」と呼ばれる手法がある．すなわち，生成物の σ 結合を ＋ と − の二種の電荷に分けて切断し，出発物質を推測する方法である．

$$\text{Ph-}I^- = \text{Ph-N}_2^+ \quad\overset{\text{逆合成}}{\longleftarrow}\quad \text{Ph-I} \quad\overset{\text{逆合成}}{\longrightarrow}\quad \text{Ph}^- \ I^+ = I_2$$

　この場合ヨウ素原子を正の電荷として切断した場合，ベンゼンの π 電子上に負の電荷を残すことになる．これはすなわち，ヨウ素分子を試薬に用いたベンゼンへの求電子置換反応を示している．この反応では出発物質をニトロベンゼンとしているので，この手法は正しくない．すなわち，左側ルートの切断法としてヨウ素を負にベンゼンを正に電荷を残すように切断すればよい．すなわち，この電荷を帯びた中間体の実際の原料 (合成等価体と呼ぶ) はベンゼンジアゾニウムイオンとヨウ化物イオンであるといえる (ザンドマイヤー反応)．なお，次のグリニャール反応ではグリニャール試薬がエステルに 2 分子作用するため，生成物は 1,1-ジフェニルエタノールとなる．すなわちこの全反応は，

$$\text{Ph-NO}_2 \xrightarrow{\text{Sn / HCl}} \text{Ph-NH}_2 \xrightarrow[\text{2) KI}]{\text{1) NaNO}_2,\ \text{HCl}} \text{Ph-I} \xrightarrow[\text{Ether}]{\text{Mg}} \xrightarrow{CH_3\overset{O}{\underset{}{C}}OCH_3} H_3C-\underset{\text{Ph}}{\overset{\text{Ph}}{\underset{|}{\overset{|}{C}}}}-OH$$

となる (なお，ザンドマイヤー反応による塩素化や臭素化では CuCl や CuBr など銅 (I) 塩を用いるがヨウ素化の場合ヨウ化カリウムで反応が進行する．フッ素化はかなり特殊でフッ化ホウ素酸を用いフッ化ホウ素酸ジアゾニウムの沈殿として得た後，乾燥して加熱するなどかなり複雑な手順となる)．

4章の問題

◆ **問題 4.1** $C_2H_2Br_2$ は不飽和数 1 であるためアルケン誘導体である．アルケンの場合置換様式によりシス，トランスがあるため

1,1-dibromoethene　　　cis-1,2-dibromoethene　　　trans-1,2-dibromoethene
　　　　　　　　　　　　(Z)-1,2-dibromoethene　　　(E)-1,2-dibromoethene

この三つを挙げることができる．なお IUPAC 命名法では順位則で優位な置換基が cis 体のものを (Z) (Zusammen，一緒)，trans 体のものを (E) (Entgegen，反対) と表記する．

プロパンの骨格に塩素を二つずつ配置した場合，

1,1-dichloropropane　　1,2-dichloropropane　　2,2-dichloropropane　　1,3-dichloropropane

これら四つの異性体を書くことができる．このうち，1,2 体のみ 2 位の炭素が不斉となるため，R 体，S 体の光学異性体がある．

◆ **問題 4.2** プロピレンと塩素の反応で期待される生成物は，塩素の付加生成物と，塩素の置換生成物の 2 種類である．それぞれの分子量は付加生成物 $C_3H_6Cl_2 = 113$，置換生成物は $C_3H_5Cl = 76.5$ であり，設問から化合物 A は**置換生成物**であろうと推察できる．また，この組成は炭素および水素の重量比 (元素分析結果) とよく一致している．水酸化ナトリウムと処理することにより得られる生成物は第一級アルコールであることから，原料は第一級ハロゲン化アルキルであると考えられる．よって化合物 A は 3-クロロ-1-プロペンであると推測できる．

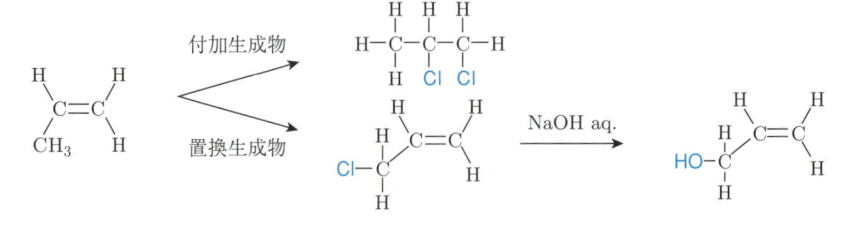

◆ **問題 4.3** tert-ブチルブロミドは第三級ハロゲン化アルキルである．この中心炭素は三方向からアルキル基による電子供与を受けるため，安定な第三級のカルボカチオンを生じる．第三級ハロゲン化アルキルを**基質**にした場合，**求核剤**の求核性によらず，**反応速度**は基質濃度

に依存する．これは**中間体**である 3 級カチオンの生成が**律速段階**になるためである．S_N2 反応では 2 分子の衝突が中間体となるため反応速度は 2 種類の基質濃度に依存するが，3 級のカルボカチオンを経由する第三級ハロゲン化アルキルを基質に選んだ場合，反応速度は基質の濃度のみに依存する．この反応は溶媒の極性が高い場合起こりやすいので，エタノールが溶媒兼求核試薬である場合，効率よく反応が進行する．また，エタノールは脱離したブロミドアニオンを水素結合で安定化し反応を加速する．

$$(CH_3)_3CBr + C_2H_5OH \longrightarrow (CH_3)_3COC_2H_5 + HBr$$

◆ **問題 4.4**　炭素数 7 以下の原料から合成せよということより，ベンゼン核と炭素 1 個の化合物を出発原料として考えるべきである．1 は二炭素増炭反応が使えるので

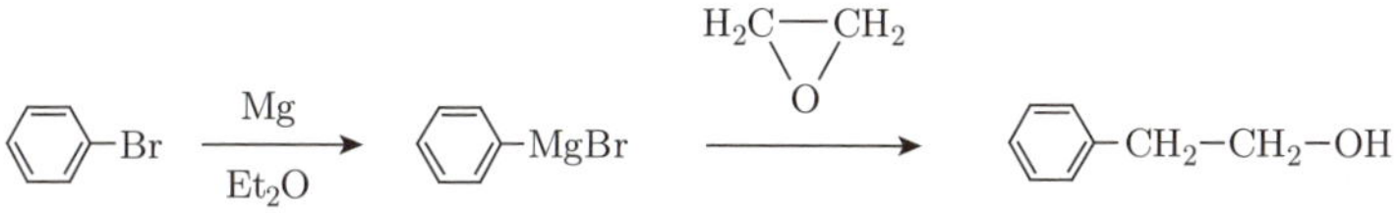

これが最も簡便な合成方法である．

グリニャール試薬とニトリルの反応でケトンが合成できる．

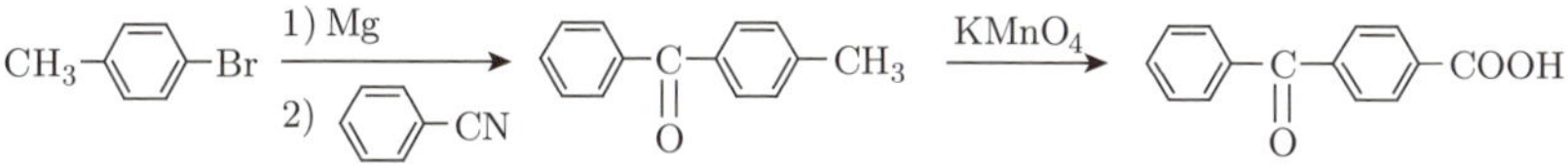

さらに過マンガン酸カリウムでベンジル位を酸化することにより芳香族カルボン酸に導くことができる．

同一炭素に同じ官能基が結合している第三級アルコールの合成はエステルを使うのが簡便で理想的である．

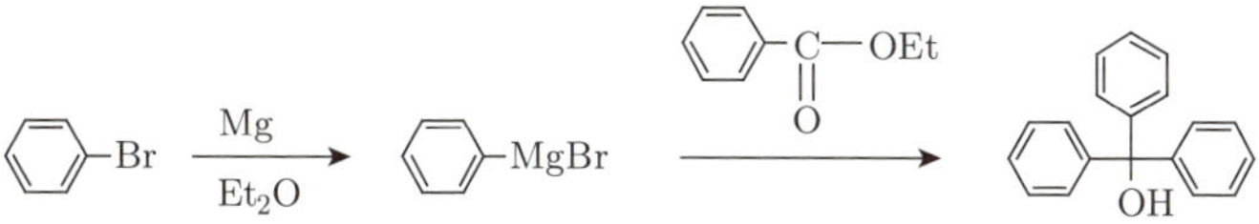

この場合，生成物にはフェニル基が三つ結合しているので安息香酸エステルとフェニルグリニャール試薬が妥当である．基質に炭酸ジエチルを用いると，3 分子のフェニルグリニャール試薬が求核攻撃するためと，このトリフェニルメタノールを合成することも可能である．

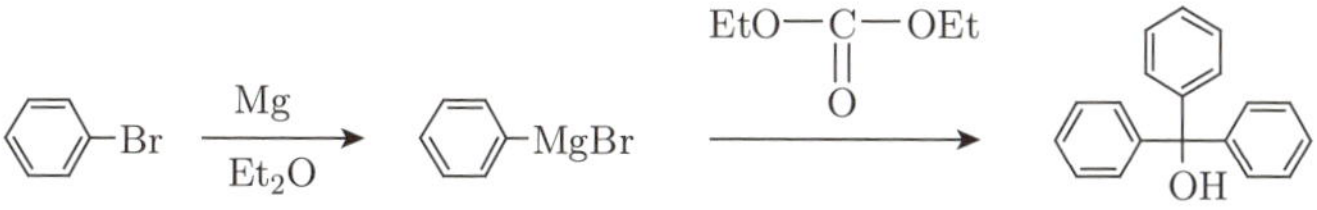

◆ **問題 4.5**　シクロヘキサノンから 1-メチルシクロヘキサノールを合成する場合，炭素数は 1 増加するだけでよいので

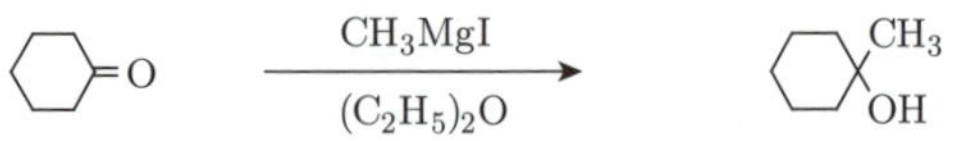

$$\text{cyclohexanone} \xrightarrow[(C_2H_5)_2O]{CH_3MgI} \text{1-methylcyclohexanol}$$

この手法で合成する．試薬としては他にもクロロメタンやブロモメタンを用いる方法もあるが，どちらも室温では気体なので，炭素源が 1 個の場合，室温で液体のヨードメタンを用いるのが一般的である．

グリニャール反応を用い，一炭素増炭したカルボン酸に導くためには二酸化炭素が適当な基質である．

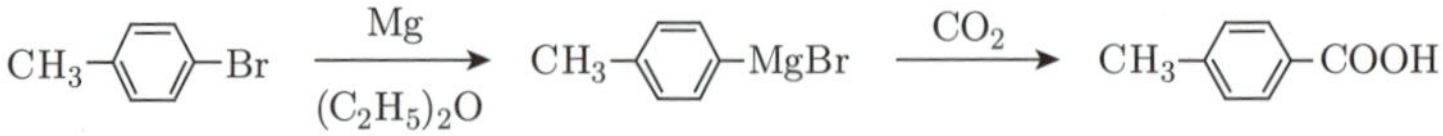

$$CH_3\text{-}C_6H_4\text{-}Br \xrightarrow[(C_2H_5)_2O]{Mg} CH_3\text{-}C_6H_4\text{-}MgBr \xrightarrow{CO_2} CH_3\text{-}C_6H_4\text{-}COOH$$

反応溶液中によく乾かした気体の二酸化炭素を導入するのが一般的であるが，簡便な方法としてグリニャール試薬中にドライアイスを入れる方法もある．

5 章の問題

◆ 問題 5.1　$C_4H_{10}O$ で表される物質のうち，エーテルを除くと次の四つの構造を挙げることができる．

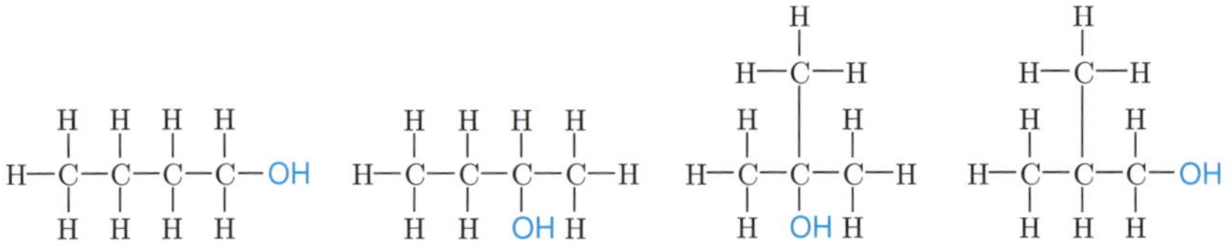

1-butanol　　2-butanol　　2-methyl-2-propanol　　2-methyl-1-propanol

直鎖上のブタノールには 1- と 2- のアルコールの異性体が存在する．また 2-メチルプロパンには 2-メチルプロパン-1-オールと 2-メチルプロパン-2-オールの 2 種類があり，系 4 種類の異性体が存在する．

◆ 問題 5.2　t-ブチルアルコールは第三級アルコールであり，酸に対する反応性が高い．これは，プロトンがアルコールの酸素に付加し，オキソニウム塩を形成し，引き続く水の脱離により第三級のカルボカチオンを生成することによっている．この後，アルコールの求核付加反応が起こればエーテルへ，脱離反応が起こればアルケンへと導かれていく．

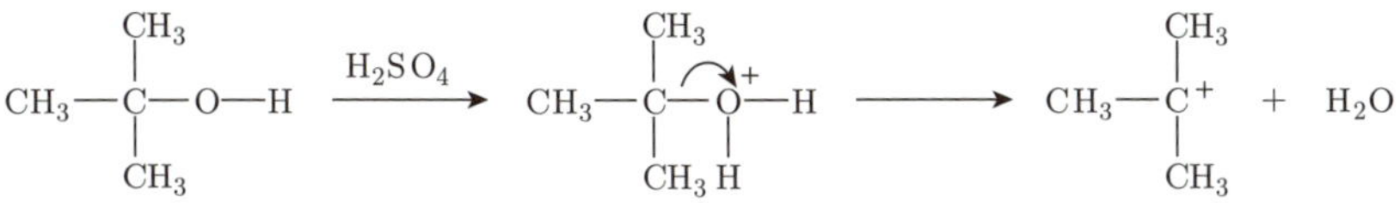

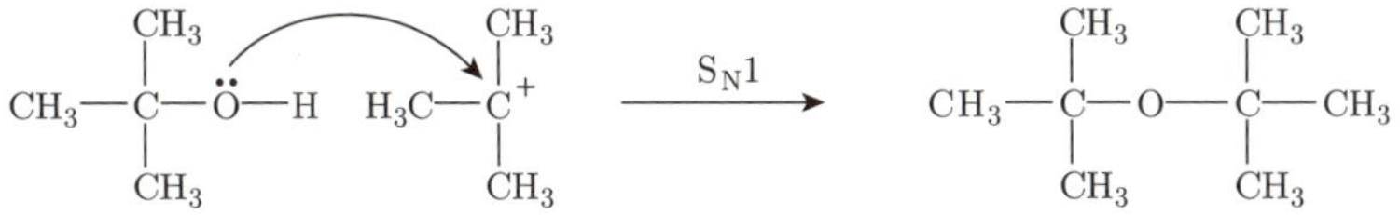

[反応機構図: t-ブチルアルコールの H₂SO₄ による脱水・置換・脱離反応]

di-*t*-butyl ether

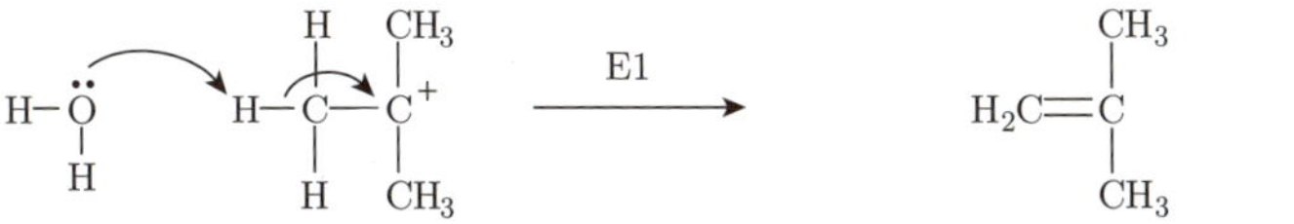

2-methylpropene

◆ 問題 **5.3** 共役塩基の塩基性が強いということは，他の酸からプロトンを奪い元の酸に戻る強さが強いということを示している．すなわち共役塩基が不安定であることを示している．アルコールに比べフェノールは酸性度が高い．これは共役塩基であるフェノキシドアニオンが芳香族に電子を与え共鳴安定化構造をとっていることを示している．$δ^-$ に分極している酸素上にいるアニオンを安定化させるためには，酸素のまわりに電子吸引性置換基を結合させればよい．逆に電子供与性のアルキル置換基が多く付けば付くほど不安定化する．よって置換基の少ないヒドロキシルアニオンが安定で，メトキシド，t-ブトキシドアニオンになるにしたがって共役塩基が不安定化される．

よって t-$C_4H_9O^- >$ $CH_3O^- >$ $HO^- >$ $C_6H_5O^-$ の順となる．

◆ 問題 **5.4** フェノールは o-, p-配向性で o-, p-位の電子密度が高くなっているため芳香族求電子置換反応は o-, p-位で進行する．すなわち

[共鳴構造式: フェノールの共鳴 o-, p-, o-]

反応前のフェノールの電子状態は共鳴により，このように分極している．これら負に分極したところに塩素陽イオンが結合した場合，それぞれ

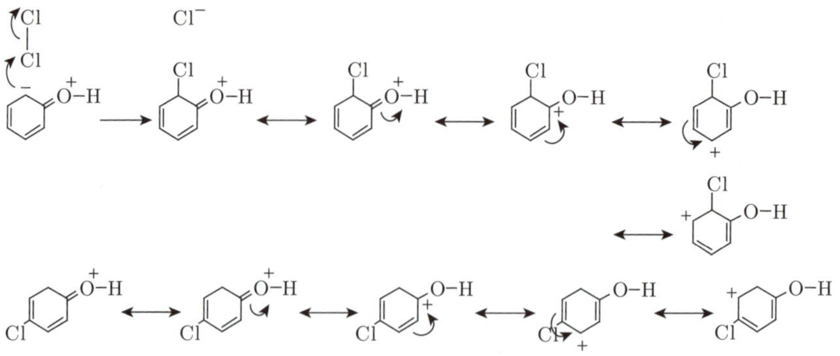

このような陽イオンの分布となりあまり問題はない．しかし，電子密度の低い m-位に塩素陽イオンが結合した場合，δ^+ 性を帯びている 1 位の炭素の電気的な偏りと全く関係ない 2,4,6 位がカチオンとなっており，極めてエネルギー的に不利となる．

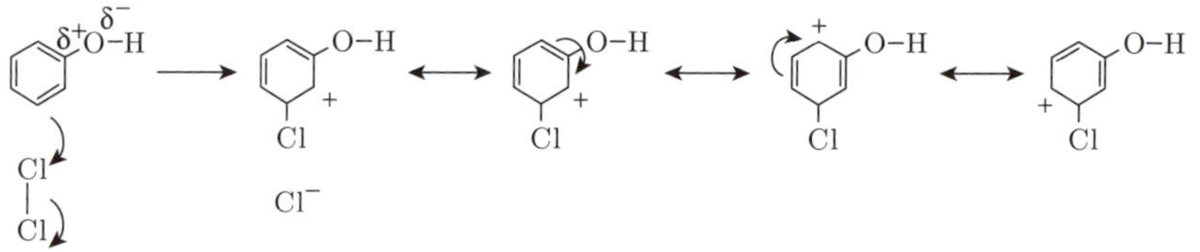

よって，m-位には求電子置換反応は起こすことはなく，結合した m-クロロフェノールも熱力学的に不安定な物質となってしまう．

◆ **問題 5.5** 第三級カチオンは極めて安定なカチオンであるため，t-ブチルアルコールや t-ブチルハライドなどの第三級炭素に脱離基を有する化合物は反応性に富む．臭化 t-ブチルはアルコールなど極性溶媒中では第三級カチオンを生じやすい．

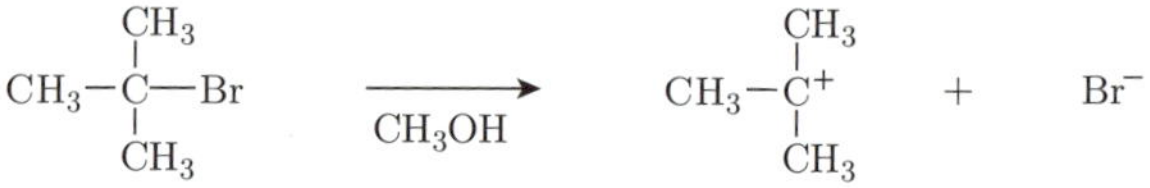

このカチオンにメタノールの酸素原子が求核試薬として作用すると S_N1 反応を経由して 2-メトキシ-2-メチルプロパンを生じる．また隣接炭素のプロトンが脱離すると E1 脱離反応により 2-メチルプロペンが生成する．同じ中間体とはこの第三級カチオンである．また，この反応は臭化物イオンの脱離が律速段階となるため，一次反応として反応速度は臭化 t-ブチルの濃度に依存する．

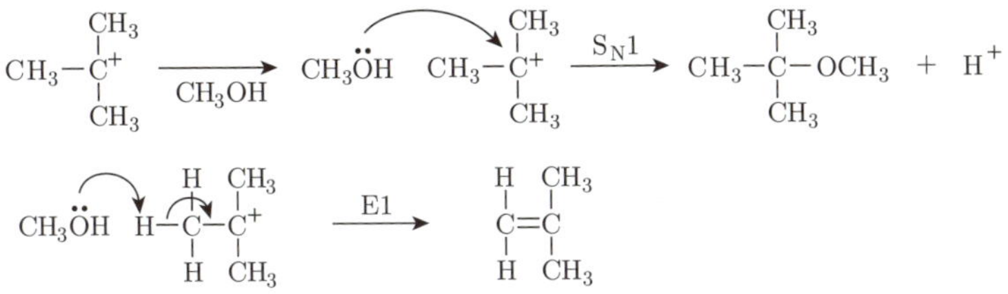

◆ 問題 5.6　炭素数 3 のケトンとはアセトンにほかならない．よって

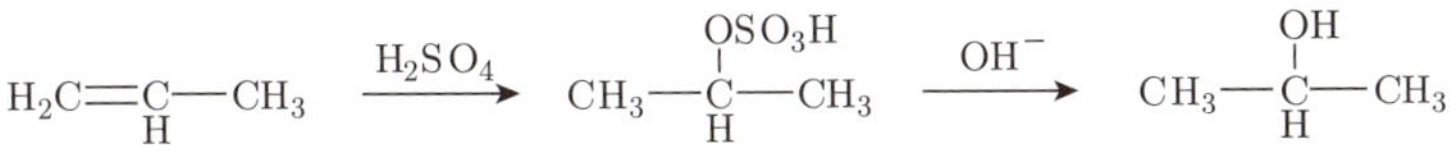

A: 2-propanol

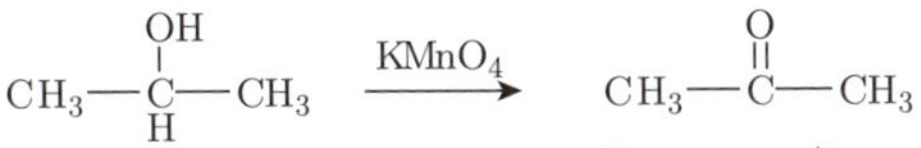

B: acetone (2-propanone)

となる．

6 章の問題

◆ 問題 6.1　分子式 $C_6H_{10}O$ より「不飽和数」が求まる．しかし，炭素数 6 で不飽和数 2 の物質は多くの可能性が考えられる．すなわち，炭素-炭素 2 重結合を二つ持つアルコールやエーテル，炭素-炭素 2 重結合を一つ持つ環状アルコールやエーテル，炭素-炭素 2 重結合を持つアルデヒドやケトン，環状構造を持つアルデヒドやケトンである．**IR 測定は官能基を見いだすのに優れた分光機器**である．IR を測定することにより，この酸素がアルコール (液膜法で 3300 cm^{-1} 前後) かカルボニル化合物 (1700 cm^{-1} 前後) であるかは特徴的な吸収によりすぐにわかる．また，同じケトンでもカルボニル二重結合の伸縮振動は結合する環の歪みがあると高波数側にシフトする．これにより四員環か五員環，六員環かは経験的にわかっている．

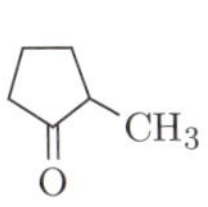

2-methylcyclopentanone 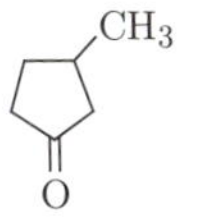　　3-methylcyclopentanone

　IR 測定により五員環ケトンであるならシクロペンタノン骨格が決定する．残されたメチル基はこの環に結合する．2-メチル体と 3-メチル体の上記二つが考えられる (なお，メチル基が結合している炭素はどちらも不斉炭素である)．

◆ 問題 6.2　グリニャール試薬がケトンと反応し，

$$CH_3-CH_2-CH_2-\underset{\underset{}{\overset{\overset{O}{\|}}{}}}{C}-CH_3 \xrightarrow{H_3C-MgI} CH_3-CH_2-CH_2-\underset{\underset{CH_3}{|}}{\overset{\overset{OMgI}{|}}{C}}-CH_3$$

$$\xrightarrow{H_2O} CH_3-CH_2-CH_2-\underset{\underset{CH_3}{|}}{\overset{\overset{OH}{|}}{C}}-CH_3$$

第三級アルコールである 2-methylpentan-2-ol が得られる.

◆**問題 6.3** 第 6 章例題 3 のようにアルデヒドが系内にあった場合,交差アルドール縮合が起こる.アセトンのみの場合アセトンのエノラートアニオンが求核試薬になり,他のアセトンのカルボニル炭素を求核攻撃する.よって

通常の反応条件では脱水反応は起こらず,アセトン二量体ができる (IUPAC 名では 4-hydroxy-4-methylpentan-2-one).

◆**問題 6.4** (1) エーテルは水より密度が小さいのでこの場合上層となる.ほとんどの有機溶媒は一般に上層である.ハロゲン化溶媒 (クロロホルムや塩化メチレンなど) は水より比重が大きいので,水層に特殊な溶質が溶け込んでいない限り下層となる.
(2) アルデヒドは空気中の酸素により容易に酸化されカルボン酸になりやすい.生成したカルボン酸は薄い炭酸水素ナトリウム水溶液などにより除去され,カルボン酸のナトリウム塩となり水層に移行する.なお,この際,二酸化炭素が遊離するため発泡を伴う.
(3) フェーリング試薬は硫酸銅が主成分の青色溶液である.ここにアルデヒド基を持つ有機化合物や糖などを含む溶液を加え加熱すると Cu(+II) が Cu(+I) の Cu_2O に還元され赤色沈殿を生じる.フェーリング液はアルデヒドの検出や還元基の定量に用いられる.得られた赤色沈殿は酸化銅 (+I) または Cu_2O
(4) 分子量は 120 である.組成が C:H:O = 0.80:0.067:0.133 であることより,原子量 16 の酸素を 1 とした場合,(0.80 / 12):(0.067 / 1):(0.133 / 16) = 0.067:0.067:0.0083 = 8:8:1 ことから組成式は C_8H_8O と推察でき,分子量 120 と一致する.よってこの分子の分子式は C_8H_8O となる.
(5) 強力な酸化剤で酸化することによりフタル酸が得られることから,出発原料を推測すると

phthalic acid ←(KMnO₄)— benzene-1,2-dicarbaldehyde ←(KMnO₄)— 2-methylbenzaldehyde

以上が考えられる (アルデヒドとカルボキシル基を有する物質なら操作 A で除去される).benzene-1,2-dicarbaldehyde と考えた場合,分子式 C_8H_8O と合致しない.過マンガン酸カ

リウムなど強力な酸化剤を用いるとトルエンのメチル基もカルボン酸に酸化されるため，このアルデヒドは 2-methylbenzaldehyde である．

(6) フタル酸は強熱により，分子内脱水を起こし，フタル酸無水物を形成する．

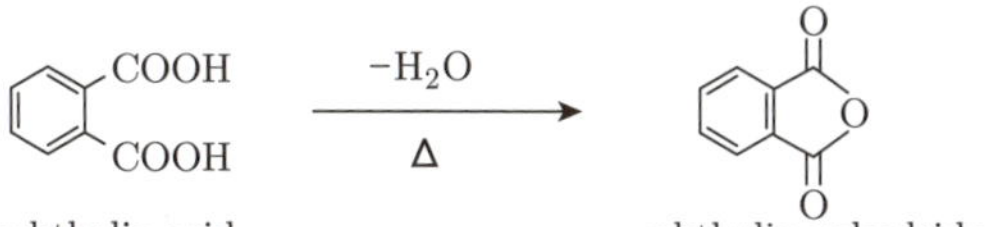

phthalic acid → (−H₂O, Δ) → phthalic anhydride

この反応により予測される分子量は 148 で設問に合致する．よって化合物 X は無水フタル酸である．

◆ **問題 6.5** 環状であるが活性メチン炭素があり，塩基により酸性度が高い水素が奪われる．このアニオンは柔らかい塩基であるため，α, β 不飽和ケトンの β 位を攻撃する (HSAB 理論)．

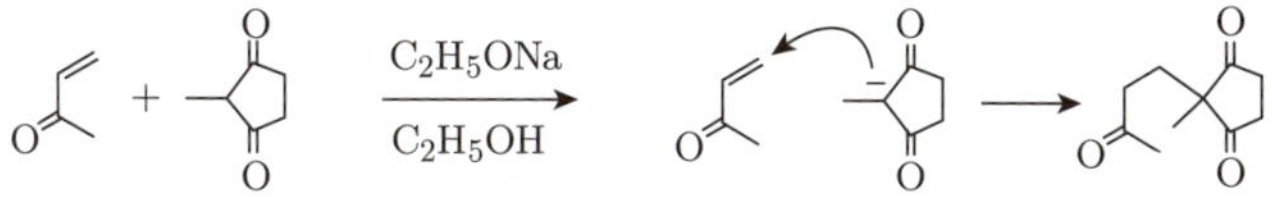

1,4 付加生成物が得られる．また，反応条件にもよるが，さらに反応が進行すると

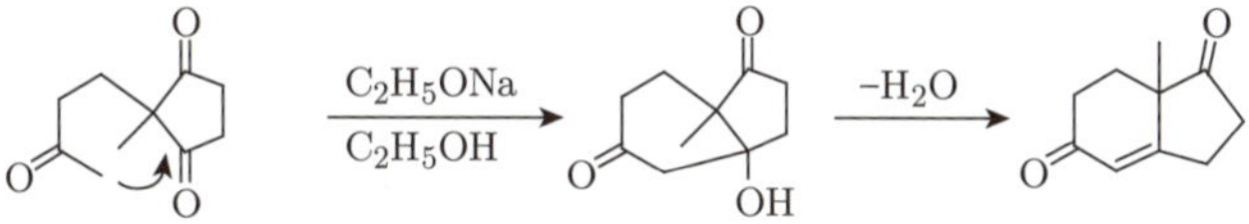

このような環状生成物が得られる．この環化反応を **Robinson 環化** と呼ぶ．

◆ **問題 6.6** ニトリル (−CN) は強力な電子吸引基である．塩基中で処理するとニトリルの α 水素は塩基に引き抜かれ，アニオンとなり，求核試薬として作用する．

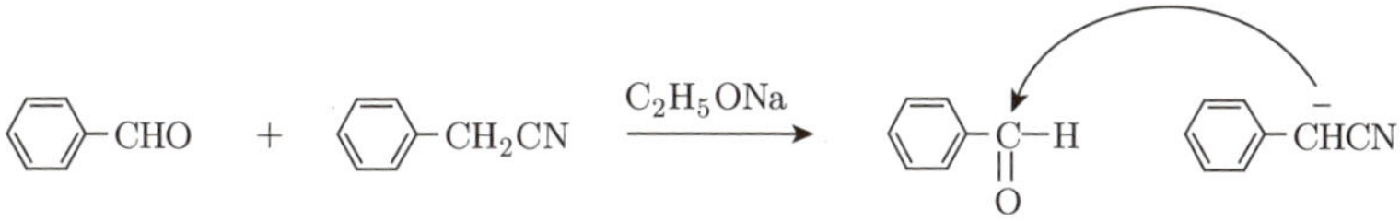

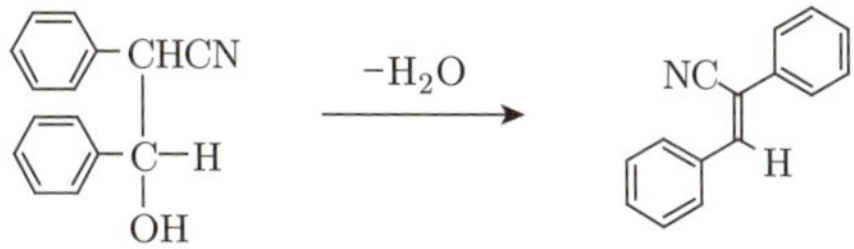

ベンズアルデヒドに求核攻撃をした後，脱水を伴い 2,3-diphenylacrylonitrile となる．

求核性の少ない塩基でシクロヘキセンの α 水素を抜き，ハロゲン化アルキルに求核置換反応させると

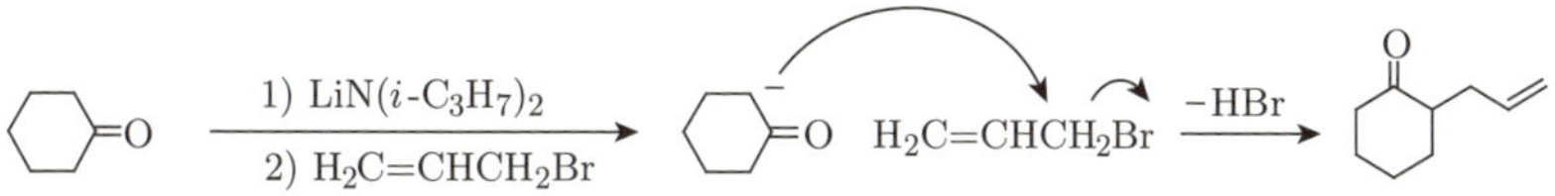

アルケンが得られる．
シクロヘキサノンと，エチレングリコールを酸触媒下作用させると

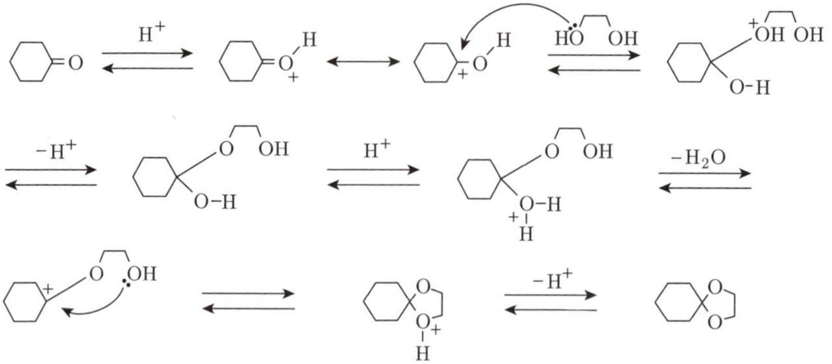

一見複雑に見えるが，ジオールの二つの酸素がカルボニル炭素を二回攻撃し，脱水を伴い環状のアセタール (ケタール) を生じる．この五員環の環状アセタールはカルボニル基の代表的な保護基として用いられる．

アセトアルデヒドとフェニルグリニャール試薬により1-フェニルエタノールが生じる．

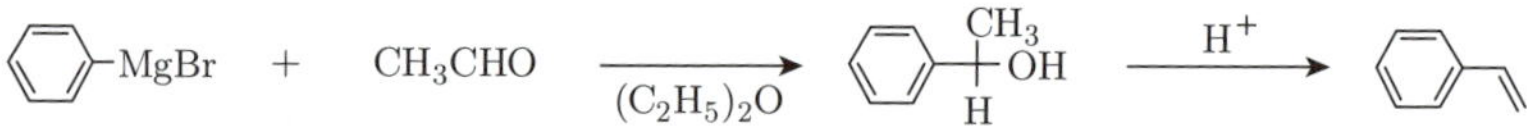

強酸で強く処理すると脱水を伴いスチレンが得られる．

7章の問題

◆ **問題 7.1** ○ isobutyric acid (イソ酪酸)，2-methylpropionic acid (2-メチルプロピオン酸)
○ 2-hydroxypentanedioic acid (2-ヒドロキシペンタン二酸)

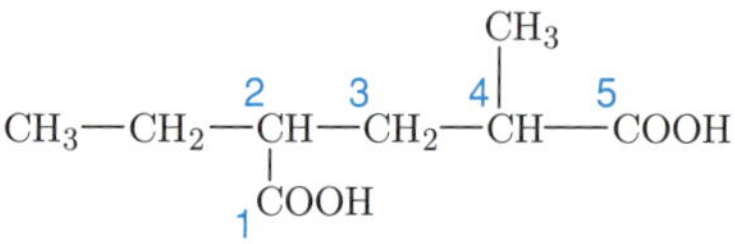

与えられた構造式では最も主鎖の長くなる「ヘキサン酸」の命名をしたくなるが，主鎖としてカルボン酸を二つ含むものが優先されるので (上図) 2-エチル-4-メチルペンタン二酸 (2-ethyl-4-methylpentanedioic acid) となる．

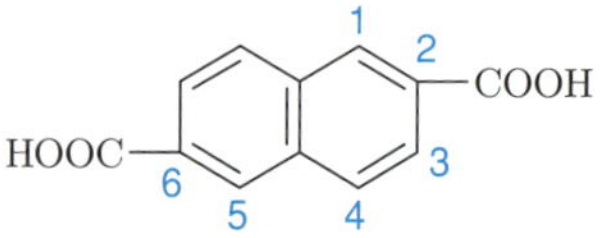

-oic acid で命名できない場合，置換命名法を用いる．ナフタレンの 2,6 位にカルボキシル基が置換していると考えるので，2,6-ナフタレンジカルボン酸 (2,6-naphthalenedicarboxyic acid) となる．

◆ 問題 7.2　フェノールに比べ安息香酸はより強い酸である．この混合物に炭酸水素ナトリウム水溶液を加えると激しく発泡し，安息香酸は安息香酸ナトリウムとなり，水層に溶け込む．この水層に酸を加えると安息香酸が結晶として遊離する．残った有機層に水酸化ナトリウム水溶液を加えるとフェノールがフェノールのナトリウム塩の形で水層に移る．このフェノールナトリウム塩の水溶液に酸を加えると油状のフェノールが得られる．最後まで水層に抽出されず残った有機層がトルエンである．

◆ 問題 7.3　メタノールはアルコールであり，水酸基の水素は水溶液中「プロトン」として放出されることはない (無水メタノールに金属ナトリウムを加えると水素を発生しながら共役塩基のナトリウムメトキシドとなる)．

　フェノールは和名で石炭酸と呼ばれるように，水溶液中わずかながら酸としての挙動を示す．水酸化ナトリウムのような強アルカリ水溶液中プロトンを放出しフェノキシドイオンとなる．

　安息香酸は炭酸水素ナトリウムからナトリウムイオンを奪い，炭酸水素イオンは安息香酸のプロトンを与えられるため，二酸化炭素の発泡が起こる．

　トリフルオロ酢酸は無機酸に近い強酸である．これはトリフルオロ酢酸がプロトンを放出し，電気陰性度の大きなフッ素が電子吸引基となり，共役塩基のトリフルオロ酢酸アニオンを安定化させるためである．

　トリフルオロ酢酸 > 安息香酸 > フェノール > メタノール の順となる．

◆ 問題 7.4　グリニャール試薬に二酸化炭素を加えるとカルボン酸になる．そこでグリニャール試薬に放射性同位体の ^{14}C を含む $^{14}CO_2$ を加えるとカルボキシル基に ^{14}C を含むカルボン酸が得られる．

◆ 問題 7.5　この反応はマロン酸ジエチルエステル合成法として，有機合成反応において大変重要な反応である．

$$\begin{matrix} H & COOC_2H_5 \\ & \times \\ H & COOC_2H_5 \end{matrix} \xrightarrow[C_2H_5OH]{C_2H_5ONa} \begin{matrix} ^- & COOC_2H_5 \\ & \times \\ H & COOC_2H_5 \end{matrix} + CH_3CH_2-Br \longrightarrow \begin{matrix} CH_3-CH_2 & COOC_2H_5 \\ & \times \\ H & COOC_2H_5 \end{matrix}$$

エステルが二つあり複雑な化合物であるかのように見えるが，この生成物をケン化によりエステルを加水分解した後，酸で加熱すると脱炭酸を伴い，酪酸となる．「マロン酸ジエチルエステル」は「酢酸の等価体」と考えることができる．

　アミドは強力な還元剤である水素化リチウムアルミニウムにより，徹底的に還元されて，

$$\text{CH}_3\text{-CH}_2\text{-CH}_2\text{-}\overset{\overset{O}{\|}}{\text{C}}\text{-NH}_2 \xrightarrow[\text{2) H}_2\text{O}]{\text{1) LiAlH}_4} \text{CH}_3\text{-CH}_2\text{-CH}_2\text{-CH}_2\text{-NH}_2$$

アミンまで還元される．水素化リチウムアルミニウムと同様によく知られる還元剤である水素化ホウ素ナトリウム ($NaBH_4$) ではエステルやアミドの還元はできない．

◆**問題 7.6** (a) 可塑剤とはプラスチックに柔軟性を与え，軟質フィルムにしたり，加工しやすくしたりするために加えるものである．可塑性が高いと柔らかくなり，任意の形に加工しやすくなる．
(b) エステルはカルボン酸とアルコール脱水縮合生成物である．

$$\begin{array}{c}\text{COOH}\\\text{COOH}\end{array} + \begin{array}{c}\text{CH}_2\text{CH}_3\\\text{HO-CH}_2\text{-CH-CH}_2\text{-CH}_2\text{-CH}_2\text{-CH}_3\\\text{HO-CH}_2\text{-CH-CH}_2\text{-CH}_2\text{-CH}_2\text{-CH}_3\\\text{CH}_2\text{CH}_3\end{array}$$

$$\xrightleftharpoons{\text{H}_2\text{SO}_4} \begin{array}{c}\text{CH}_2\text{CH}_3\\\text{COO-CH}_2\text{-CH-CH}_2\text{-CH}_2\text{-CH}_2\text{-CH}_3\\\text{COO-CH}_2\text{-CH-CH}_2\text{-CH}_2\text{-CH}_2\text{-CH}_3\\\text{CH}_2\text{CH}_3\end{array} + 2\text{H}_2\text{O}$$

生成したエステルは一般にプラスチックと相容性がよく，可塑剤として優れている．

◆**問題 7.7** アセトアニリドの合成にはまずアニリンが必要である．アニリンはニトロベンゼンの還元反応で合成できることから，

$$\bigcirc \xrightarrow{\text{HNO}_3,\text{H}_2\text{SO}_4} \bigcirc\text{-NO}_2 \xrightarrow{\text{Sn, HCl}} \bigcirc\text{-NH}_2 \xrightarrow{\text{CH}_3\text{COCl}} \bigcirc\text{-NHCOCl}_3$$

以上 3 段階で合成可能である．

8 章の問題

◆**問題 8.1**

$$\begin{array}{c}\text{CH}_3\\\text{H-N-CH-CH}_3\\\text{C}_4\text{H}_9\end{array}$$

◆**問題 8.2** シクロヘキシルアミンのシクロヘキシル基はアミンに対し電子供与性を有するため，窒素に水素が三つ結合したアンモニアに比べて塩基性が高い．フェニル基は電子豊富なベンゼン環があるためさらに電子供与性に思えるかもしれないが，実際は逆に電子吸引性基

であり，しかも共鳴によりアミンの孤立電子対を非局在化させるのでアニリンの塩基性は脂肪族アミンに比較して低い．アミンの孤立電子対を収容する働きがあり，塩基性を低下させる．よってアニリンよりシクロヘキシルアミンのほうが塩基性が高い．

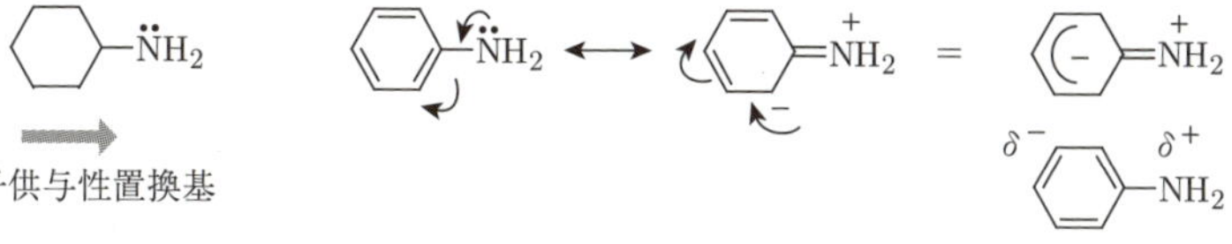

電子供与性置換基

◆問題 8.3

(1) アセチルサリチル酸

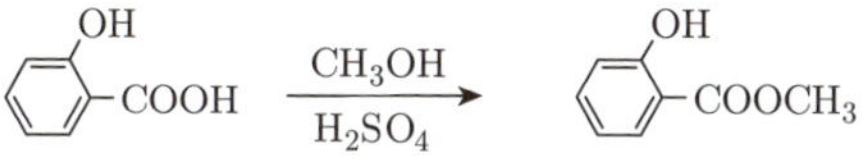

(2) サリチル酸メチル

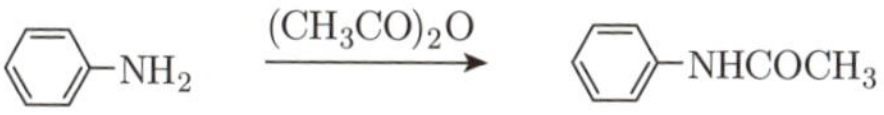

(3) アセトアニリド

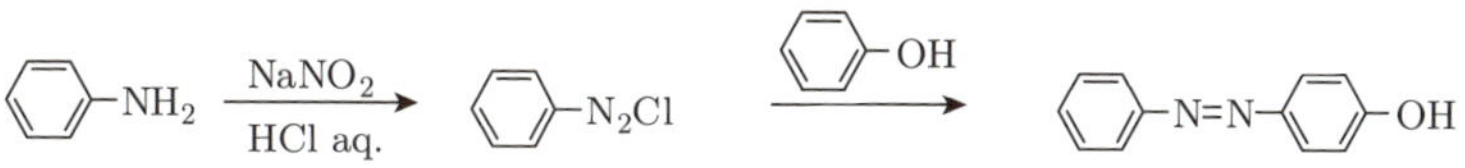

(4) 塩化ベンゼンジアゾニウム　(5) 4-ヒドロキシアゾベンゼン

9章の問題

◆問題 9.1　3-chloropyrrole, 2,3-dimethylfuran, ピリミジン (pyrimidine) DNA の塩基の主成分の一部，プリン (purine) DNA の塩基の主成分の一部，18-crown-6 (クラウンエーテル中心部に陽イオンを取り込み有機相中に輸送する相間移動触媒)

◆問題 9.2　トルエンから安息香酸への酸化には一般に過マンガン酸カリウム水溶液が用いられる．しかし，トルエンは有機層であり水層とは互いに交じり合わないため反応が遅く，激しくかき混ぜながら還流させて反応させる．このような二層系の反応の場合，相間移動触媒であるクラウンエーテルを入れると陽イオンを包摂し塩を有機層に移送するため反応がスムーズに進行する．過マンガン酸カリウムの場合，カリウム塩にちょうど空孔が合致するクラウンエーテルは 18-crown-6 であり，カリウムイオンをクラウンエーテル内に取り込み対イオン

である過マンガン酸イオンとともに有機層中に移送する．このため有機層が着色し，過マンガン酸イオンが有機層のトルエンのメチル基に接触しやすくなるため反応速度が上がる．

10章の問題

◆問題 10.1　(1) アミノ酸はアミノ基とカルボキシル基という非常に親水性の置換基を有しているため極性が高く有機溶媒には溶けない．さらに水溶液中，アミノ基は塩基の，カルボキシル基が酸の性質を示すため，分子内で塩を作っており，両性イオン型構造となっている．
　よってイオン性が高いため，融点が高く水に溶けやすい．

(2) (ア) アラニンは中性では

$$\begin{array}{c} \text{COOH} \\ \text{H}-\!\!\!\!-\text{NH}_2 \\ \text{R} \end{array} \rightleftarrows \begin{array}{c} \text{COO}^- \\ \text{H}-\!\!\!\!-\text{NH}_3^+ \\ \text{R} \end{array}$$

上記両性イオン型構造をとっているが酸性溶液中では

$$\begin{array}{c} \text{COO}^- \\ \text{H}-\!\!\!\!-\text{NH}_3^+ \\ \text{R} \end{array} \xrightarrow{\text{H}_3\text{O}^+} \begin{array}{c} \text{COOH} \\ \text{H}-\!\!\!\!-\text{NH}_3^+ \\ \text{R} \end{array}$$

このような構造をとっておりアラニン塩酸塩の形で存在する．

(2) (イ) アミノ基は亜硝酸塩と反応しジアゾニウム塩を形成する．

$$\begin{array}{c} \text{COOH} \\ \text{H}_3\text{N}^+-\!\!\!\!\overset{*}{-}\!\!\!\!-\text{H} \\ \text{CH}_3 \end{array} \xrightarrow{\text{NaNO}_2} \begin{array}{c} \text{COOH} \\ \text{N}_2^+-\!\!\!\!\overset{*}{-}\!\!\!\!-\text{H} \\ \text{CH}_3 \end{array} \longrightarrow \begin{array}{c} \text{COOH} \\ \text{HO}-\!\!\!\!\overset{*}{-}\!\!\!\!-\text{H} \\ \text{CH}_3 \end{array}$$

芳香族ジアゾニウム塩は 5℃ 以下で安定なジアゾニウム塩として存在し Sandmeyer 反応に用いることができるが，一般にアルキルジアゾニウム塩は極めて不安定なため窒素を放出し複雑な分解生成物を与える．ただし，この反応では立体配置を保持した L-ヒドロキシ酸が得られ，放出した窒素量を調べることによりアミノ酸の定量に用いることができる (van Slyke 法)．

◆問題 10.2　天然のアミノ酸は α-アミノ酸なのでグリシンを除くすべてのアミノ酸には不斉中心が存在し，天然のものはすべて L 型である．側鎖には 1) 親水性の置換基をもつもの 2) 疎水性の置換基をもつもの 3) 正電荷の置換基をもつもの 4) 負電荷の置換基を持つものの四つがある．

$-\text{CH}_2-\text{OH}$	セリン Ser	$-\text{CH}_2-\text{CH}_2-\text{CH}_2-\text{CH}_2-\text{NH}_2$	リジン Lys
$-\text{CH}_2-\text{CH}-\text{CH}_3$ 　　　　CH_3	ロイシン Leu	$-\text{CH}_2-\overset{\overset{\displaystyle}{\|}}{\underset{\underset{\displaystyle \text{O}}{\|}}{\text{C}}}-\text{OH}$	グルタミン酸 Glu

セリンは水素結合しやすい水酸基を持つため親水性である．ロイシンは疎水性置換基があるため水溶性が低い．リジンにはアミノ基があるため塩基性アミノ酸であり，グルタミン酸は

カルボキシル基があるため酸性アミノ酸である．

◆ 問題 10.3　Lys にはアミノ基が二つあるためアルカリ側で 2 段階のプロトンの放出が起こる．

$$\text{H}\begin{array}{c}\text{COOH}\\|\\-\text{NH}_3^+\\|\\\text{CH}_2\text{-CH}_2\text{-CH}_2\text{-CH}_2\text{-NH}_3^+\end{array} \xrightarrow{\text{pH 2.18}} \text{H}\begin{array}{c}\text{COO}^-\\|\\-\text{NH}_3^+\\|\\\text{CH}_2\text{-CH}_2\text{-CH}_2\text{-CH}_2\text{-NH}_3^+\end{array}$$

$$\xrightarrow{\text{pH 8.95}} \text{H}\begin{array}{c}\text{COO}^-\\|\\-\text{NH}_2\\|\\\text{CH}_2\text{-CH}_2\text{-CH}_2\text{-CH}_2\text{-NH}_3^+\end{array} \xrightarrow{\text{pH 10.53}} \text{H}\begin{array}{c}\text{COO}^-\\|\\-\text{NH}_2\\|\\\text{CH}_2\text{-CH}_2\text{-CH}_2\text{-CH}_2\text{-NH}_2\end{array}$$

それぞれの反応はすべて平衡反応であるが，最も酸性の状態で左端の構造をとり，その後，順次塩基を加えていくに従い平衡は右に傾いていく．それぞれの pH において順次プロトンを放出していき，pH10.53 よりアルカリ性側において右端の構造が最も多くなる．

◆ 問題 10.4　アミノ酸の側鎖にかかわらず，ペプチドは一般にらせん状の立体配座をとることが多い．これはペプチドの NH 基とカルボニル基が水素結合するためである．この**右巻きのらせん**を **α ヘリックス**と呼び，らせん 1 回転あたり 3.6 個分のアミノ酸残基がある (ペプチドではアミノ酸の 1 単位を残基で表す)．

直線上の 2 本のペプチド鎖が**平行または逆平行に水素結合しながらひだ上に並んだ**ものを **β 構造**と呼ぶ．これらの構造を合わせてペプチドの**二次構造**と呼ぶ．

◆ 問題 10.5　アミノ酸の C 末端のカルボキシル基が他のアミノ酸の N 末端のアミノ基とペプチド結合した化合物をジペプチドと呼ぶ．数が増えるごとにトリペプチド，テトラペプチドと呼び，これらを一般にオリゴペプチドと呼ぶ．このペプチドの残基数が 10 を越えたものを一般にポリペプチドと呼ぶ．またポリペプチドのうち一般に分子量が 1 万を越えたものをタンパク質と呼ぶ (タンパク質には「機能」があり，皮膚や筋肉など生体の原形質を構成したり，酵素として生体の触媒作用を起こす．このような機能を持たない巨大分子はポリペプチドと呼んでもよいがタンパク質と呼ぶにはふさわしくない)．

◆ 問題 10.6　ジペプチドのアラニルアラニンは酸性水溶液中加熱還流することにより，ペプチド結合が加水分解されアラニンとなる．

$$\text{H}_2\text{N-}\underset{\underset{\text{H}}{|}}{\overset{\overset{\text{CH}_3}{|}}{\text{C}}}\text{-CO-N-}\underset{\underset{\text{H}}{|}}{\overset{\overset{\text{CH}_3}{|}}{\text{C}}}\overset{\text{O}}{\overset{\|}{\text{C}}}\text{-OH} \xrightarrow{\text{H}^+} 2\ \ \text{H}_2\text{N-}\underset{\underset{\text{H}}{|}}{\overset{\overset{\text{CH}_3}{|}}{\text{C}}}\text{-CO-OH}$$

Ala-Ala　　　　　　　　　　　　　　　　　　Ala

◆ 問題 10.7　(1) (a) 不斉　　(b) 両性 (双性)　　(c) アミド (ペプチド)　　(d) 酵素

(2)

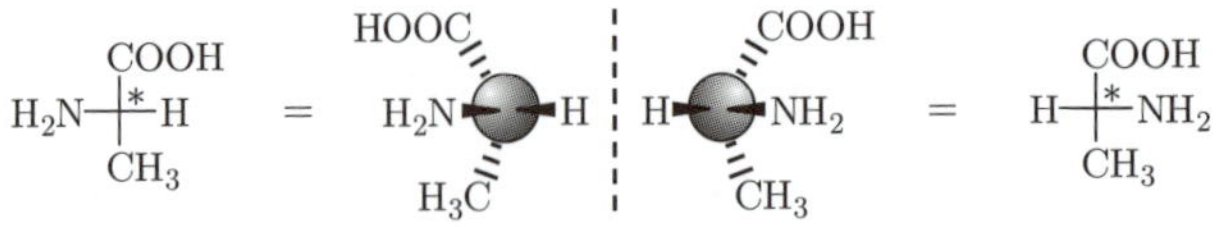

$H_2N-\overset{*}{\underset{CH_3}{C}}-H(COOH)$ = L-アミノ酸 | D-アミノ酸 = $H-\overset{*}{\underset{CH_3}{C}}-NH_2(COOH)$

(3)

$H_3\overset{+}{N}-CH_2-COOH \rightleftarrows H_3\overset{+}{N}-CH_2-COO^- \rightleftarrows H_2N-CH_2-COO^-$

酸性　　　　　　　　　　　中性　　　　　　　　　　アルカリ性

(4)

$H_2N-CH_2-COOH + HO-CH_2-CH_3 \underset{}{\overset{H_2SO_4}{\rightleftarrows}} H_2N-CH_2-CO-O-CH_2-CH_3 + H_2O$

(5) 芳香族ニトロ化反応

11章の問題

◆問題 11.1　(a)　(ア) CHO　　(イ) CH_2OH　　(ウ) OH
(b)　(エ) H　　(オ) OH
(c)　D

　なるべくフィッシャー投影法でグリセルアルデヒドの基本形に近い形で書入れていくとアイウが決まる．これをフィッシャー投影法にするとエオとなる．アルデヒド基はヒドロキシメチル基より CIP 則では上位である．
　フィッシャー投影法で書いた場合，右にヒドロキシル基が配置したものが D 型である．よって R 配置のものが D 型となる．

◆問題 11.2　直鎖上のグルコースをハース式に書き直す場合，いったん下記のように横にして書き直すと比較的わかりやすい．ピラノースに変形する際には 5 位の炭素のヒドロキシル基がアルデヒドとヘミアセタール構造を作りやすいように変形しておく必要がある．このヘミアセタールは不斉のため，ヒドロキシル基がアルデヒド平面の上から攻撃するか下から攻撃するかにより生成物は異なる．

α-D-グルコピラノース

直鎖状構造　Haworth式　β-D-グルコピラノース

生成する α-グルコピラノースと β-グルコピラノースは互いに 1 位の炭素の絶対配置の異なる光学異性体である．この<u>ヘミアセタール性の光学異性体</u>を<u>アノマー</u>と呼ぶ．アノマーは水溶液中で容易に直鎖状構造に戻り再環化するため，純粋の α 体と β 体の旋光度を水溶液中で実測することはできない（<u>変旋光</u>）．

◆ **問題 11.3**　(1)　D-グルコースと L-グルコースは鏡像異性体である．天然系の D の糖はすべて最も下の不斉位置はフィッシャー投影法で右側である．

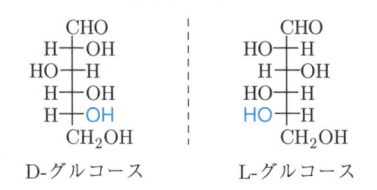

D-グルコース　　L-グルコース

(2)　4 個　C-2, C-3, C-4, C-5 位
(3)　2^n 個　ただし，置換基が上下対称の場合，メソ体が存在するため，この数より少なくなる．
(4)　アルデヒドは酸触媒下，プロトネーションを受けてオキソニウム塩となる．ここに立体的にふさわしい位置にアルコールが存在すると，このカルボニルの平面の上方または下方から酸素の孤立電子対が求核攻撃をする．その結果，カルボニル炭素に新たにアルコキシ基，ヒドロキシル基の結合が生じる．

ヘミアセタール

この結果，この炭素は不斉炭素となる．

(5)

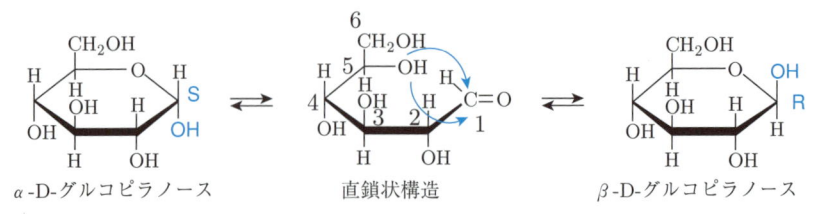

α-D-グルコピラノース ⇌ 直鎖状構造 ⇌ β-D-グルコピラノース

この場合5位の炭素に結合したヒドロキシル基がヘミアセタールの酸素として環化に参加している．なお，4位のヒドロキシル基がヘミアセタールを生成した場合，五員環のグルコフラノースとなる．

(6) α の C-1 が S 体，β の C-1 位 R 体

◆ **問題 11.4** アルドースであるグルコースを還元して得られる糖はグルシトールで，1位がアルデヒドの場合異性体はない．還元して2種類の異性体が得られる可能性がある糖としてケトースがある．グルシトールができうるケトースは4種類存在しえるが，一般にケトースとして知られるものは C-2 がケトンであるフルクトースだけである．フルクトースが還元されるとグルシトールの C-2 がエピマーであるマンニトールが得られる．

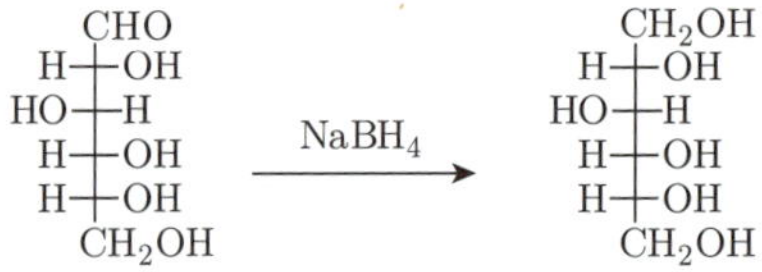

D-グルコース $\xrightarrow{\text{NaBH}_4}$ D-グルシトール

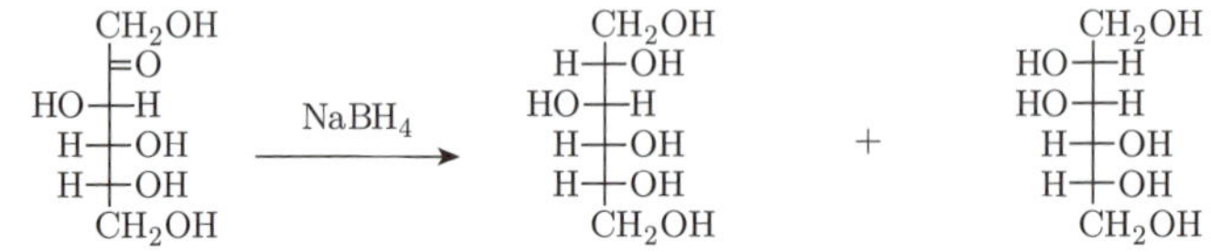

D-フルクトース $\xrightarrow{\text{NaBH}_4}$ D-グルシトール + D-マンニトール

よってこの解答として当てはまる代表的な糖はフルクトースであり，答えとして考えられる糖は

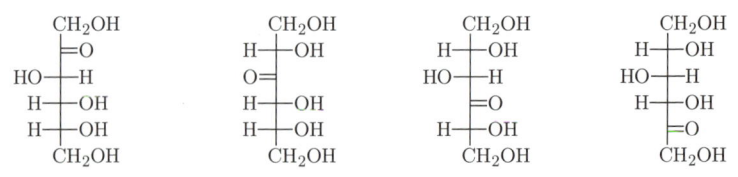

の4種類である．

12 章の問題

◆ 問題 12.1　油脂は長鎖アルキル基とグリセリンの脱水縮合物である．このエステルは強アルカリ (水酸化ナトリウムや水酸化カリウム水溶液) でケン化されてグリセリンと脂肪酸のアルカリ塩 (石けん) となる．

$$\begin{array}{l} CH_2-O-CO-C_{17}H_{35} \\ CH-O-CO-C_{17}H_{35} \\ CH_2-O-CO-C_{17}H_{35} \end{array} + 3\,KOH \longrightarrow \begin{array}{l} CH_2-OH \\ CH-OH \\ CH_2-OH \end{array} + 3\,C_{17}H_{35}COOK$$

実際にはこの溶液を塩析して，得られた固形物をろ過により分離する．

石けんには親水基と疎水基があり両親媒性物質である．一般に水中に油汚れがあったとしても，そのままではお互いに交じり合わないので油汚れが水に溶け出すことはない．ここに界面活性剤 (石けんや中性洗剤など) が混和された場合，疎水基が油分に入り込み，ミセル構造をとる．そのため，油のまわりを親水基が覆うため，一見水溶性物質のように振る舞い，油汚れが水に溶け出し，洗浄効果を生み出す．

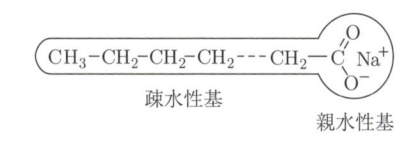

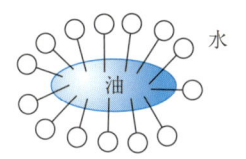

◆ 問題 12.2　**リン脂質**は上記石けんと異なり**二本の長鎖アルキル基**を有している．水中に油があった場合同じようにミセル構造をとるが，水中にこれらリン脂質があった場合，水中には疎水基を向けることができないため，疎水基を互いのリン脂質に向けあい膜状をとる性質がある．その結果，水層と水層を区切る位置に膜状に広がりこれを**脂質二重膜**と呼ぶ．

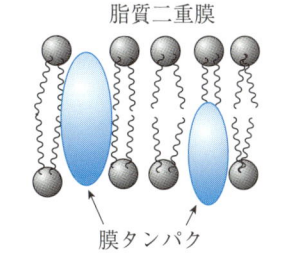

この脂質二重膜の表面や膜を貫通した位置に膜タンパクがいたるところに存在し，このタンパクは脂質二重膜内を自由に動き回ることができる．このモデルを脂質二重膜による**流動モザイクモデル**という．

◆ 問題 12.3　ステアリン酸は**直鎖状の飽和脂肪酸**である．オレイン酸は **9,10 位が** *cis* 配置となった**不飽和脂肪酸**である．*cis* に配置しているため分子全体に曲がりが生じている．分子全体に曲がりが生じることにより，**分子どうしが密に重なることがなく融点が低くなる**．また自由度が増すため有機溶媒への溶解度も増し，オレイン酸からなるリン脂質の脂質二重膜にも流動性が出てくる．オレイン酸の融点は 13.4 ℃，ステアリン酸の融点は 70 ℃ である．

13章の問題

◆ 問題 13.1　ア．

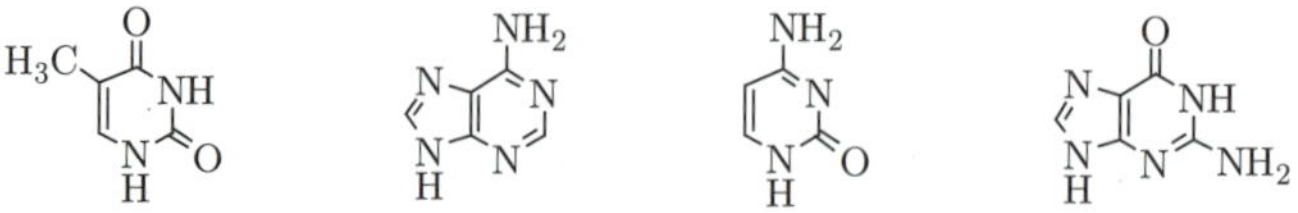

　　　a　　　　b　　　　c　　　　d
　　チミン　アデニン　シトシン　グアニン

イ．イミド部位の互変異性体として下記の三つが挙げられる．

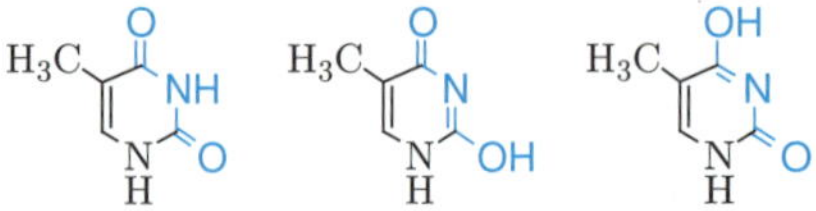

その他の共役系の異性体として

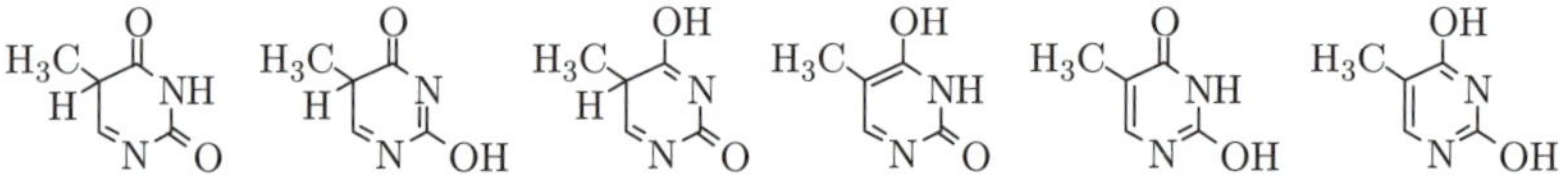

が考えられる．

ウ．

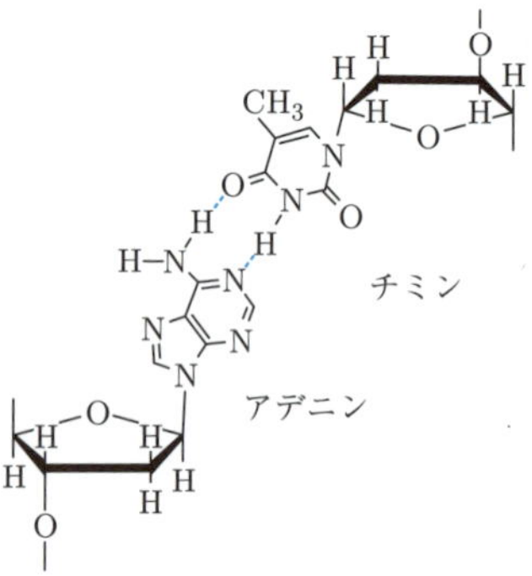

　　　　　　　　　　　チミン

　　　　　　　　　アデニン

　　DNA 鎖中では T＝A の二本の水素結合があり，それぞれの塩基には糖，リン酸が結合して DNA の相補的な長鎖を構成している．

エ．DNA ではアデニンとチミン，シトシンとグアニンが相補的な水素結合を作って二重らせんを構成している．

　　RNA ではチミンがなく代わりにウラシルが存在する．よって DNA と RNA の塩基対ではアデニンとウラシル，シトシンとグアニンである．

　　よって DNA が $5'$–T–G–A–C–G–T–$3'$ の場合の相補的な RNA 配列は
　　　　$3'$–A–C–U–G–C–A–$5'$
となる．

14章の問題

◆ 問題 14.1　ポリビニールアルコールの合成には酢酸ビニールが必要である．酢酸ビニールの原料の酢酸もアセチレンから調達する方法を考える必要がある．

$$HC\equiv CH \xrightarrow[\text{付加}]{H_2O} [CH_2=CHOH] \longrightarrow CH_3-CHO \xrightarrow{\text{酸化}} CH_3-COOH$$

$$\xrightarrow[\text{付加}]{HC\equiv CH} CH_2=CH-OCOCH_3 \xrightarrow{\text{付加重合}} {\left(\!CH_2\!-\!\underset{OCOCH_3}{CH}\!\right)}_{\!n} \xrightarrow{\text{加水分解}} {\left(\!CH_2\!-\!\underset{OH}{CH}\!\right)}_{\!n}$$

水の付加でエノールを経由してアセトアルデヒドを合成し，その後酸化により酢酸に導く．酢酸をアセチレンに付加させることにより酢酸ビニルが合成できる．これを重合およびケン化することによりポリビニールアルコールが合成できる．

アセチレン 100 g を出発原料にすると，アセチレンは 3.8 mol であるから酢酸ビニルは 1.9 mol 合成できる．ポリビニールアルコールの理論的単量体のビニールアルコールの分子量 [(　)$_n$ の (　) 内の分子量] は 44 であることから，得られるポリビニールアルコールは 83.6 g と計算できる (注：ポリビニールアルコールの単量体であるビニールアルコールはエノール体であるので単離することはできない．ポリビニールアルコールは酢酸ビニルの加水分解によってしか合成できない)．

◆ 問題 14.2　(ア) モノマー　(イ) ポリマー　(ウ) 重合　(エ) 付加重合　(オ) 縮合重合　(カ) 熱硬化性　(キ) 熱可塑性　(ク) 機能性高分子
(エ) ポリ塩化ビニル，ポリ酢酸ビニル，ポリスチレン，メタクリル樹脂
(オ) ナイロン 66, ポリエチレンテレフタレート

15章の問題

◆ 問題 15.1　a) ×
^{1}H-NMR は磁場に置かれた試料溶液に電磁波を照射し，プロトンの核のスピンを高エネルギー状態に励起させ，その緩和過程を受信機で測定する装置である．
b) ○
完全に対称な両者の ^{1}H-NMR は一致する (ただし，ジアステレオマーだと異なったピークを与える)．
c) ×
吸光度測定は分光光度測定ともいわれ，赤外や可視・紫外などの波長の吸光度を測定する方法である．可視・紫外がその中心となるが，この領域の波長は分子の基底状態から励起状態への遷移エネルギーに合致する光が吸収される．

d) ×

赤外吸収スペクトル測定法は分子中の原子-原子間の伸縮や変角振動などのエネルギー吸収を測定する手法である．

e) ○

CD (円二色性スペクトル) のうち，紫外吸収スペクトルと同じ位置に極大を示すものを正の Cotton 効果を示したといい，極小を示すものを負の Cotton 効果を示したという．

総合演習問題

1 (1)

a. 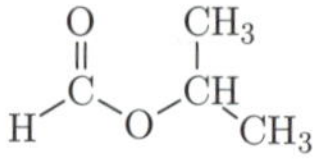 (ギ酸イソプロピル構造)   b. 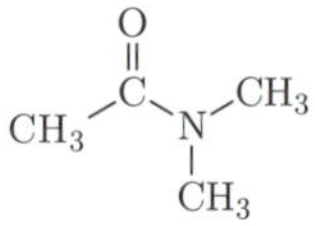 (N,N-ジメチルアセトアミド構造)   c. $CH_3-O-CH_2-CH_2-OCH_3$

d. 1,3,5,7-cyclooctatetraene，と，cycloocta-1,3,5,7-tetraene

e. 2-bromo-6-butyl-7-chloroundecane

f. 4-fluoro-2-nitrobenzoic acid

e の主鎖は下図の青線である．

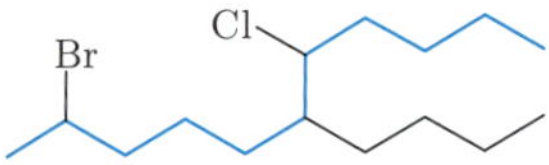

(2) a. トルエンを出発原料とする場合，トルエンの酸化が好ましいが，ベンゼンを出発原料とするこの場合，二段階でハロゲン化およびグリニャール試薬と二酸化炭素によるカルボキシル基の導入が一般的である．

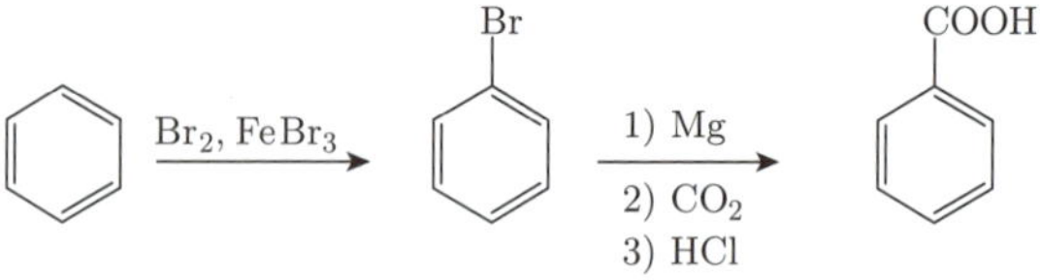

ベンゼン $\xrightarrow{Br_2, FeBr_3}$ ブロモベンゼン $\xrightarrow{\text{1) Mg} \atop \text{2) CO}_2 \atop \text{3) HCl}}$ 安息香酸

b. 酢酸エチルを合成する場合，エチレンを出発に合成する場合，炭素数 2 の酢酸とエタノールをそれぞれ合成するのが賢明である．

$CH_2=CH_2 \xrightarrow[H_2SO_4]{H_2O} CH_3-CH_2-OH \xrightarrow{KMnO_4} CH_3-COOH$

$\xrightarrow[H_2SO_4]{CH_3-CH_2-OH} CH_3-COOC_2H_5$

エチレンの水和でエタノールが合成できる．アルコールから酢酸へは過マンガン酸カリウムなどの酸化剤が適当である．最後は硫酸などで両者を脱水縮合させるとよい．

c. エタノールアミンはエチレンを出発原料とするのが好ましい．ヒドロキシル基とアミノ基を同時に導入するのは困難なので，アミノ基導入反応としてハロゲン化物のアミノ化を用いる．ハロゲンとヒドロキシル基を同時に導入するには次亜塩素酸イオンの付加が好ましい．

$$CH_2=CH_2 \xrightarrow{HClO} Cl-CH_2-CH_2-OH \xrightarrow{NH_3\,aq.} H_2N-CH_2-CH_2-OH$$

■ **2** ■ (1)

a. $CH_3-\underset{\underset{Cl}{|}}{\overset{\overset{CH_3}{|}}{C}}-CH_3$ b. $\text{Ph}-\overset{O}{\underset{\|}{C}}-O-\underset{\underset{H}{|}}{\overset{\overset{CH_3}{|}}{C}}-CH_3$

c. $CH_3-CH_2-CH_2-CH_2-CH_2-\underset{\underset{OH}{|}}{CH}-CH_2-COOH$

d. 1,2-dibromoethane   e. 2-phenylethanol

f. (4-chlorophenyl)-dimethylamine または 4-chloro-N,N-dimethylaniline

(2) a. ラセミ体にはラセミ化合物とラセミ固溶体，ラセミ混合物がある．

ラセミ化合物は結晶が晶出する際，鏡像異性体が対になって等分子ずつ分子化合物を作ったものである．鏡像異性体混合比が1：1の化合物の場合，他の混合比より融点が高くなる特徴がある．また，鏡像異性体が存在しても比率に関係なく融点が一定の物質がありこれを**ラセミ固溶体**と呼ぶ．それに対し**ラセミ混合物**はそれぞれの鏡像異性体が別々に晶出するため，鏡像異性体混合比が1：1の場合最も融点が低くなるものである．ほとんどのラセミ体がこのラセミ混合物である．

$$H_2N-\overset{COOH}{\underset{\underset{CH_3}{|}}{\overset{|}{C^*}}}-H \;=\; \underset{H_3C}{\overset{HOOC}{H_2N}}\diagdown \overset{}{\underset{}{\diagup}} H \;\Big|\; H\overset{}{\underset{}{\diagdown}}\overset{COOH}{\diagup}NH_2 \;=\; H-\overset{COOH}{\underset{\underset{CH_3}{|}}{\overset{|}{C^*}}}-NH_2$$

L-アラニン   D-アラニン

例えばストレッカー合成法でアセトアルデヒドを原料にアラニンを合成した場合，生成するアラニンはD-，L-の等量混合物である．天然のアラニンはL体 (m.p. 297℃) で等量混合物のDL体 (m.p. 293℃) より融点がわずかに高い．

b. 求電子試薬とは電子密度の薄い（もしくは電子の欠損している）試薬であり，アルケンや芳香族に作用する．一般にアルケンの場合，この試薬は付加反応に用いられる．求電子置換反応は電子不足の求電子試薬が電子豊富なベンゼンに付加するものの，共鳴安定化エネルギーが大きいため，プロトンが脱離し置換反応を起こす．

$$\underset{}{\text{C}_6\text{H}_6} \xrightarrow{E^+ \,(求電子試薬)} [\text{C}_6\text{H}_6\text{E}]^+ \xrightarrow{-H^+} \text{C}_6\text{H}_5\text{E}$$

$E^+ = R^+,\; Cl^+,\; etc$

総合

代表的な求電子芳香族置換反応としてベンゼンのニトロ化，ハロゲン化，フリーデルクラフツ反応などが挙げられる．

■ 3 ■　グリニャール反応は骨格構築反応において最も重要な求核置換反応の一つである．生成したアルコールをチオニルクロリドで塩素化し，さらに次のグリニャール試薬に導くことも可能である．

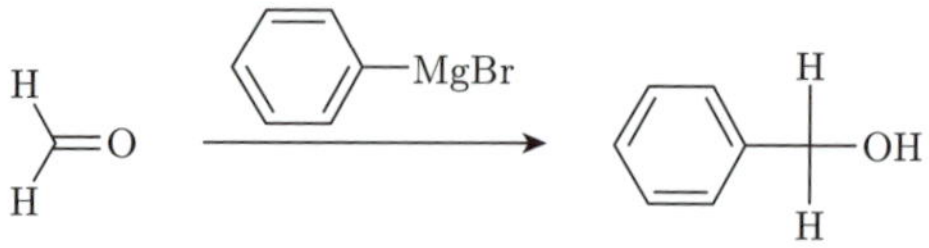

ホルムアルデヒドを用いて第一級アルコールの合成に用いることができる．一炭素増炭反応である．

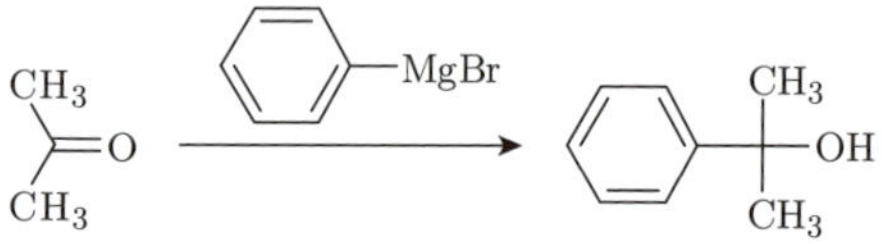

アセトンなどケトンを利用すると第三級アルコールを合成することができる．

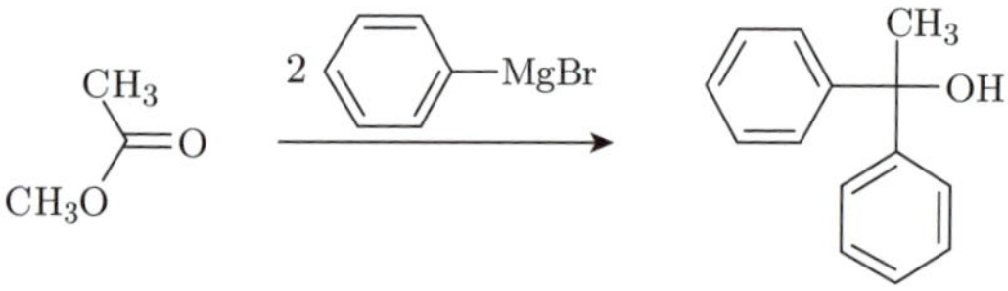

エステルのメトキシ基はグリニャール試薬を用いた場合，脱離基として作用する．生成したケトンともう一分子のグリニャール試薬と反応し第三級アルコールを生じる．エステルは合計二分子のグリニャール試薬と反応する．

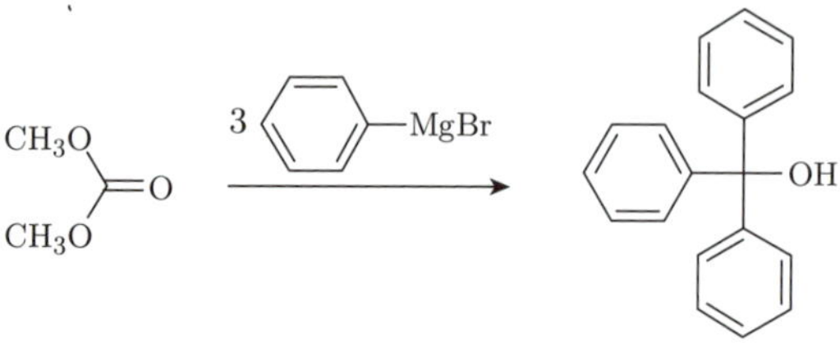

さらにメトキシ基がもう一分子結合したものを炭酸エステルと呼ぶ．ジメチル炭酸の場合，合計三分子のグリニャール試薬が導入できる．同じ官能基を三つ導入したい場合最適である．

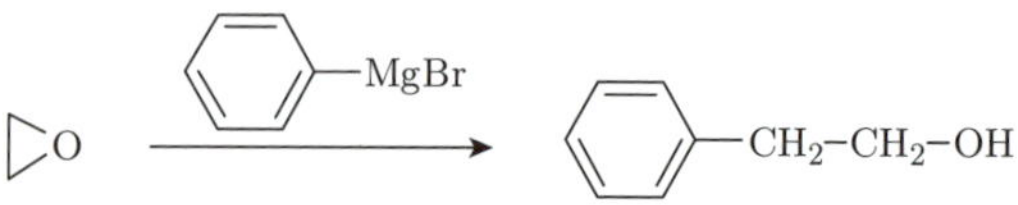

エポキシドは環の歪みのため，グリニャール試薬と反応し，開環する．**二炭素増炭した第一級アルコール**が合成できる．

<チャート: PhCN + PhMgBr → Ph-C(=N-MgBr)-Ph → Ph-CO-Ph>

グリニャール試薬はニトリルと反応し，ニトリルの炭素と結合する．その結果イミンを生じるがそこで反応が停止する．これを後処理するとケトンとなる（一般にケトンはグリニャール試薬と最優先に反応するが，ニトリルを用いることで反応を制御することができる）．

<チャート: PhMgBr + CO_2（ドライアイス）→ Ph-COOH>

グリニャール試薬と**二酸化炭素でカルボン酸**に導くことができる．

芳香族には一般に**求電子試薬**を用いて官能基を導入する．例外として**ザンドマイヤー反応**があり，塩化ベンゼンジアゾニウムを試薬として用いると**求核試薬と反応**するようになる．芳香族にニトリルなど求核性を持つ官能基を導入しなければならない場合有効な方法である．

<チャート: ベンゼン + HNO_3, H_2SO_4 → ニトロベンゼン ($Ph-NO_2$)>

ニトロニウムイオンは代表的な求電子試薬である．ベンゼンに電子供与性置換基が結合していた場合，比較的温和な条件で，ベンゼンに電子吸引基が結合していた場合，過酷な条件（発煙硝酸，濃硫酸，還流条件など）で反応が進行する．**ニトロベンゼンは還元によりアニリン**に導くことができる．

<チャート: ベンゼン + $Cl_2, FeCl_3$ → クロロベンゼン (Ph-Cl)>

塩化鉄などを触媒にすることにより，ベンゼンに**ハロゲンを求電子置換反応**させることができる．光が照射されると光塩素化反応により付加反応が進行する．

<チャート: ベンゼン + R-Cl, $AlCl_3$ → Ph-R>

フリーデルクラフツアルキル化反応によりアルキルベンゼンが合成できる．転位反応や多アルキル化反応が起こる可能性があるので使用に制限が伴う．

<チャート: ベンゼン + R-CO-Cl, $AlCl_3$ → Ph-COR>

フリーデルクラフツアシル化反応によりアシルベンゼンが合成できる．アルキル化のような多置換が起こらない．よって，アルキル化を考える場合でも，いったんアシル化の後，クレメンゼン還元もしくはウォルフ-キッシュナー還元するほうが有用である場合が多い．

アニリンの塩酸塩（または硫酸塩）を亜硝酸塩と処理することにより**塩化ベンゼンジアゾニウム**に導くことができる．塩化ベンゼンジアゾニウムは次の**ザンドマイヤー反応**やジアゾカップリングに用いることができる．

ザンドマイヤー反応では求核試薬を芳香環に導入することができる．**シアン化物イオンを用いニトリルを導入**することができる．

ザンドマイヤー反応ではハロゲン化物イオンを用いてハロゲンを導入することもできる．

■ 4 ■ *trans*-2-メチルシクロヘキサノールの酸触媒の存在下での脱水反応は，まず酸素へのプロトネーションから始まり，オキソニウムイオンの形成が最初に起こる．酸性条件下，オキソニウムイオンは水分子の形で脱離することにより第二級の**カルボカチオン**を生成する．

この反応はカルボカチオンを経由する **E1 反応**で進行し，この両隣の水素が引き抜かれアルケンが生成するが，

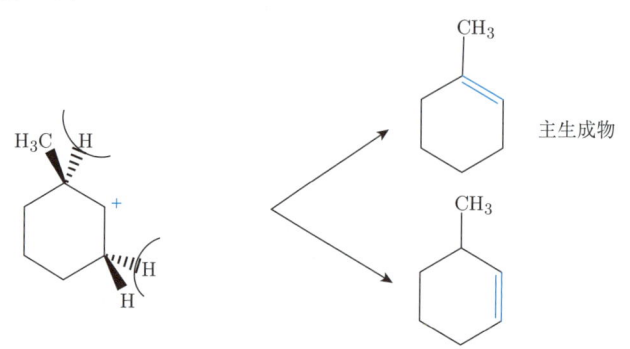

生成物は熱力学的支配を受けて，二重結合のまわりにより置換基の多い **Saytzeff** 配向の 1-メチルシクロヘキセンが生成する (1-メチルシクロヘキサンが熱力学的に安定なため)．

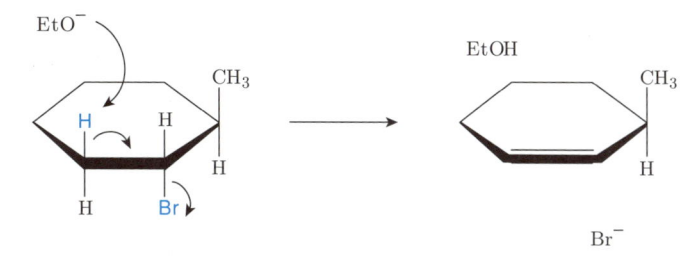

trans-1-ブロモ-2-メチルシクロヘキセンに EtONa を作用させるとエトキシドアニオンは塩基として作用し，ハロゲンの β 位のプロトンを奪い **E2 反応**で進行する．塩基性条件下，この反応は**アンチ脱離**で進行するためハロゲンのトランス位の水素を奪う必要がある．生成物は「二重結合により置換基の多い」1-メチルシクロヘキセンが Saytzeff 則に従い熱力学的に安定であるが，この場合 β 位になる 1 位の水素が臭素の *cis* 側にしかないため塩基で引き抜くことができず，**速度論的支配**に基づき 2-メチルシクロヘキセンが主生成物となる．

■ **5** ■ 1) この反応にはグリニャール試薬が最も適当である．メチル基の導入にはヨウ化メチルマグネシウムが適切である (ヨウ化メチルの沸点は 42.4 ℃ である．臭化メチルは沸点 4.6 ℃ で室温では気体なので扱いが困難である)．

生成する b は 1-メチルシクロヘキサノールである．

2) この反応は平衡反応であり，生成した 1-メチルシクロヘキセンに酸触媒で水が付加し 1-メチルシクロヘキサノールに戻る可能性がある．

そこで不揮発性のリン酸を用い，枝付きフラスコ中で反応させると沸点の低い 1-メチルシクロヘキセンと水が留出し，フラスコ内に原料とリン酸だけが残り平衡が右に偏りやすい．留出した成分には不揮発性のリン酸は含まれないので酸触媒の水の付加反応はほとんど起こらない．

3) この反応は酸触媒によりオキソニウムイオンを経由して **E1 反応**を起こす．

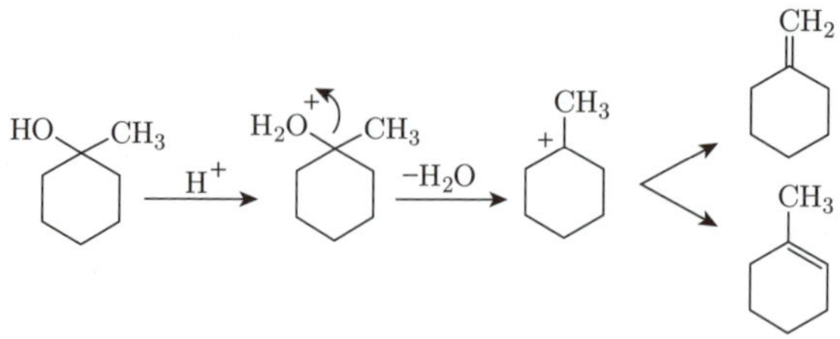

安定な第三級カチオンを経由した後，奪われるプロトンは2種類ある．メチル基のプロトンが奪われるとメチレンシクロヘキサンが得られる．しかし，この反応は2位のプロトンが奪われることにより，より安定な1-メチルシクロヘキセンが得られる(ザイツェフ則) これはアルケンにより置換基が多い化合物が**熱力学的に安定**なためである．

4) 硫酸を用いるとマルコフニコフ則に従うため原料のcに戻ってしまう．この反応にはアンチマルコフニコフ配向となるボランを用いハイドロボレーションにてアルキルボランを作った後，酸化的に解裂させるのが一般的である．

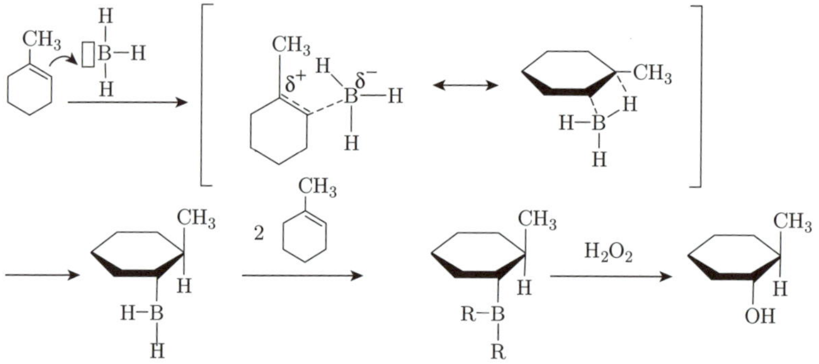

ルイス酸であるボランはアルケンに付加しようとするが，**ホウ素は立体障害を避けつつ，δ$^+$性を有する部位をなるべく級数の多いほうに配向**するため，上記の**アンチマルコフ型**の位置に**シン(Syn)付加**する．ホウ素はπ電子と結合を強めるにつれてこの水素を放出しようとする傾向が強くなるため**四員環遷移状態**を経由して反応が進行する．

■ 6 ■ 分子式 $C_8H_8O_2$ より不飽和数5と求まる．芳香族と言う記述よりベンゼン誘導体であろうと仮説する．

A 塩酸で加水分解され安息香酸になることから，エステルではなかろうかと推察される．C_8よりアルコール側の炭素数は1しか選ぶことができない．

$$\underset{\text{A}}{\text{C}_6\text{H}_5\text{-C(=O)-O-CH}_3} \xrightarrow{\text{H}^+} \text{C}_6\text{H}_5\text{-C(=O)-O-H}$$

benzoic acid methyl ester
methyl benzoate
$C_8H_8O_2$

このように考えると分子式も合致し，A は安息香酸メチルであるとわかる．

B　水酸化ナトリウム水溶液に溶けることよりカルボン酸またはフェノールと予測される．強力な酸化剤によりテレフタル酸になることより，パラ位に炭素を持つ 2 置換ベンゼン誘導体であるとわかる．すなわち

$$\underset{\text{B}}{\text{H-O-C(=O)-C}_6\text{H}_4\text{-CH}_3} \xrightarrow{\text{KMnO}_4} \text{H-O-C(=O)-C}_6\text{H}_4\text{-C(=O)-O-H}$$

4-methyl-benzoic acid
$C_8H_8O_2$

4-メチル安息香酸が酸化マンガンにより酸化されテレフタル酸になったと考えられる．

　なお，この化合物は安息香酸誘導体であり，塩基性でプロトンを放出し安息香酸ナトリウム塩となり水に溶けやすい．

C　水酸化ナトリウムに溶けにくいことにより，安息香酸，フェノール類ではない．銀鏡反応を示すことよりアルデヒドの存在が確認できる．骨格の定義は「芳香族」であるが，「パラ置換体」と言う表記よりベンゼン環であろうと考えられる．パラ置換体であることよりアルデヒドのパラ位にはヒドロキシメチル基があることがわかる．よって

$$\underset{\text{C}}{\text{H-C(=O)-C}_6\text{H}_4\text{-CH}_2\text{-O-H}} \xrightarrow{\text{Ag}^+} \text{H-O-C(=O)-C}_6\text{H}_4\text{-CH}_2\text{-O-H}$$

4-hydroxymethyl benzaldehyde　　　　4-hydroxymethyl benzoic acid
$C_8H_8O_2$

と考えられる．この化合物はアルカリ性水溶液には不溶である．

D　ヨードホルム反応を起こすことよりアセチル基があることが予想できる．また水酸化ナトリウムに溶けることより，残った官能基はフェノール性水酸基とわかる．

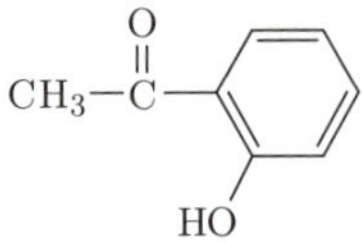

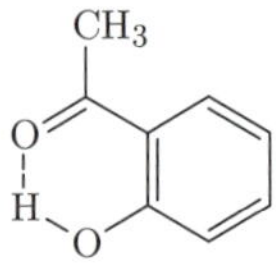

1-(2-hydroxyphenyl)-ethanone
2-hydroxy acetophenone

よってDまたはその位置異性体と考えられる．ここでDの構造を見るとオルト置換体であり，ヒドロキシル基とケトンが分子内水素結合していることがわかる．よって，メタ置換体やパラ置換体のように水酸基は「**分子間の水素結合**」をすることがないため**オルト体は融点が低下**することが予想される．ちなみに2-ヒドロキシアセトフェノンは室温で液体，3-は融点96℃，4-は融点109℃である．

7 和訳

$C_5H_{10}O$ の分子式を持つアルコール A は光学活性物質である．触媒による水素化により，アルコール A は1モルの水素を吸収し光学不活性なアルコール B に変化する．希硫酸で処理すると化合物 B はオレフィンの C となる．化合物 C は $-78℃$ のメチレンクロリド溶液中オゾンで処理し，次に酢酸中，亜鉛で処理すると二つの化合物，化合物 D とアセトアルデヒドになる．

A から C まですべて炭素数5の化合物である．C はオゾン酸化によりアセトアルデヒドと D になることから

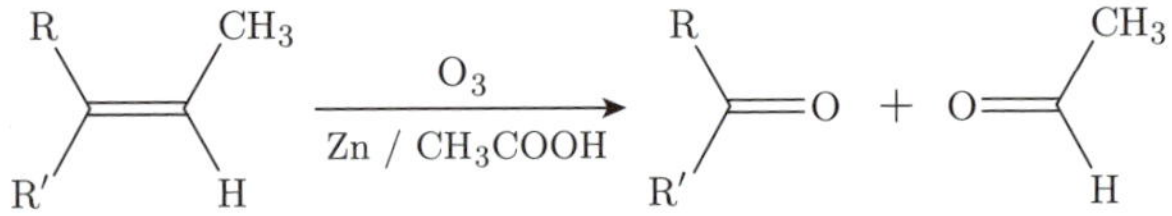

このような基本骨格をとっているものと予想できる．これをもとに A，B を推測する．炭素数5と言うことから，この R, R' は H, CH_3, C_2H_5 の3通りに限られる．

A は光学活性であり接触水素添加により光学不活性の B になることから，還元により置換基が対称になる

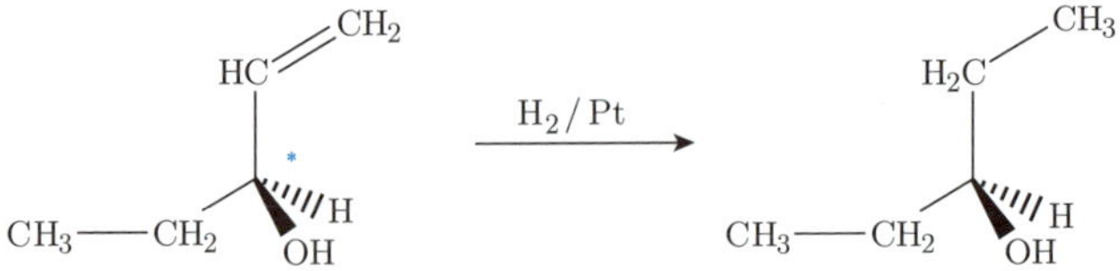

この構造が推定できる．よって硫酸脱水により得られる C は R=H, R′=Et となる．D はプロパナールであるとわかる．以上をまとめると，

A
$C_5H_{10}O$

（A）→ H_2/Pt → B → H_2SO_4 → C → O_3 / Zn / CH_3COOH → D + acetaldehyde

となる．

■ **8** ■ オレフィンをハイドロボレーションすると，**アンチマルコフニコフ配向の付加**を起こし末端にアルキルボランが結合する．これを過酸化水素で酸化的に解裂させると末端にアルコールが結合する．オレフィンの水和ではハイドロボレーション–過酸化水素による酸化を利用するとアンチマルコフニコフ付加した第一級のアルコールができる（なお硫酸付加を用いるとマルコフニコフ配向の第二級のアルコールができる）．

$C_6H_5CH=CH_2$ →1) BH_3 2) H_2O_2/NaOH→ C_6H_5CH(H)-CH_2(OH) CH_3Br →1) Mg / ether 2) $C_2H_5COCH_3$→ C_2H_5-C(CH_3)(CH_3)-OH

グリニャール試薬とケトンの反応では第三級のアルコールが生成する．

$CH_3CH=CH_2$ →HBr→ CH_3CH(Br)-CH_2(H) $C_6H_5CO_2Me$ →LiAlH$_4$/THF→ $C_6H_5CH_2OH$

オレフィンへのハロゲン化水素の付加ではマルコフニコフ則に従い，より置換基の多い炭素にハロゲンが付加した第二級のハロゲン化アルキルができる（直射日光の照射や過酸化物の存在によりラジカル反応を経由するためアンチマルコフニコフ配向に付加した第一級ハロゲン化物ができる）．

エステルは水素化リチウムアルミニウムにより還元され第一級アルコールとなる（なお，この反応は水素化ホウ素ナトリウムでは起こらない）．

（OCH$_3$ の芳香環）→ C_6H_5COCl / $AlCl_3$ → (OCH$_3$, para-COC$_6$H$_5$) （ortho 体：OCH$_3$, COC$_6$H$_5$）

フリーデルクラフツアシル化反応は一置換ベンゼンの場合，その置換基の種類により反応性および配向性が異なる．

$$\text{シクロヘキセン-CH}_3 \xrightarrow[\text{2) NaHSO}_3]{\text{1) OsO}_4} \text{cis-1-メチル-1,2-ジオール}$$

過マンガン酸カリウムや四酸化オスミウムは代表的な **1,2-ジオール化試薬**である．アルケンの同じ方向から金属酸化物の反応が進行するため *cis* のジオールが得られる．

$$\text{CH}_3\text{COCH}_2\text{CO}_2\text{CH}_3 \xrightarrow[\text{2) CH}_3\text{Br}]{\text{1) NaOCH}_3} \text{CH}_3\text{COCHCO}_2\text{CH}_3 \ (\text{CH}_3\text{置換})$$

アセト酢酸メチルは活性メチレンを持っており，この活性メチレンは大変**酸性度が高い**．ここにナトリウムメトキシドを加えると容易にプロトンを奪われ共役塩基となる．この塩基はメチルブロミドを求核攻撃するため，S_N2 反応を経由しメチル化した生成物が得られる．

$$\text{シクロヘキセノン} \xrightarrow{\text{Me}_2\text{CuLi}} \text{1,2付加 / 1,4付加} \rightarrow \text{3-メチルシクロヘキサノン}$$

代表的なアルキル導入試薬としてグリニャール試薬が知られるが，グリニャール試薬は「硬い」試薬であるので電気的に偏りの高いカルボニル炭素を攻撃し 1,2 付加体も生成する．有機銅試薬は「軟らかい」試薬であるので共役した末端の炭素を攻撃しやすい（特にこの試薬は金属部分がカルボニル，アルケンに巧妙に配位し β 位を攻撃しやすい）．この反応では 1,4 付加し，β 位がメチル化される（「硬い」や「軟らかい」とは，一般的に **HSAB** (Hard and Soft Acids and Bases) という言い方で表現されている．硬い酸は硬い塩基とイオン結合的な錯体を作りやすく，軟らかい酸は軟らかい塩基と共有結合的な錯体を作る．硬い試薬や軟らかい試薬により若干の反応性に違いがあり生成物も異なってくる．詳しくは各種専門書を参考のこと）．

$$\text{CH}_3\text{CH}_2\text{CH}_2\text{CH}=\text{CH}_2 \xrightarrow{\text{m-ClC}_6\text{H}_4\text{C(O)OOH}} \text{CH}_3\text{CH}_2\text{CH}_2\text{CH}-\text{CH}_2 \ (\text{エポキシド})$$

MCPBA（メタクロロ過安息香酸）は**代表的な過酸**である．過酸の末端の酸素は δ^+ 性を持っており，アルケンに求電子付加する．引き続きカルボキシラートイオンがアルコールの水素を引き抜き，最終的にエポキシドに変換される．一般に過酸は不安定で，爆発性もあるが，MCPBA は市販されている入手容易な過酸で比較的安定である．

環状であるが活性メチン炭素があり，塩基により酸性度が高い水素が奪われる．このアニオンは柔らかい塩基であるため，α, β 不飽和ケトンの β 位を攻撃する (HSAB 理論)．

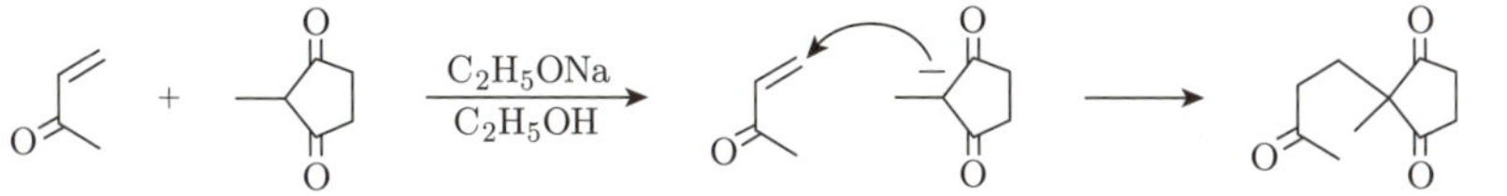

1,4 付加生成物が得られる．また，反応条件にもよるが，さらに反応が進行すると

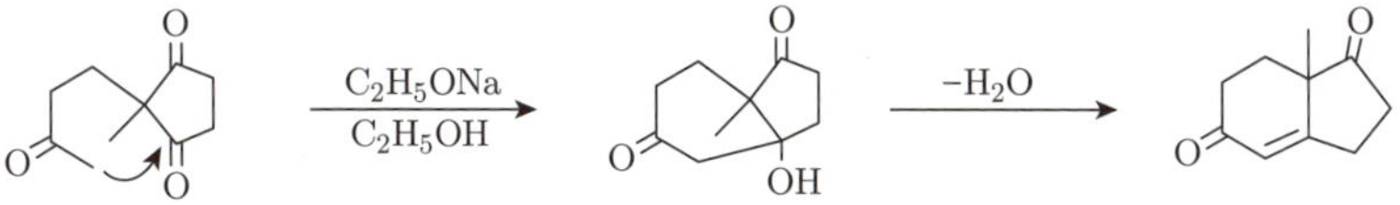

このような環状生成物が得られる．この反応を **Robinson 環化**と呼ぶ．

■ **9** ■ (1) ヒントを参照にするとグリニャール試薬を用いて安息香酸を作るにはグリニャール試薬と二酸化炭素が適当である．グリニャール試薬を作るためのハロゲン化ベンゼンの合成には臭素化と書かれている．よって，

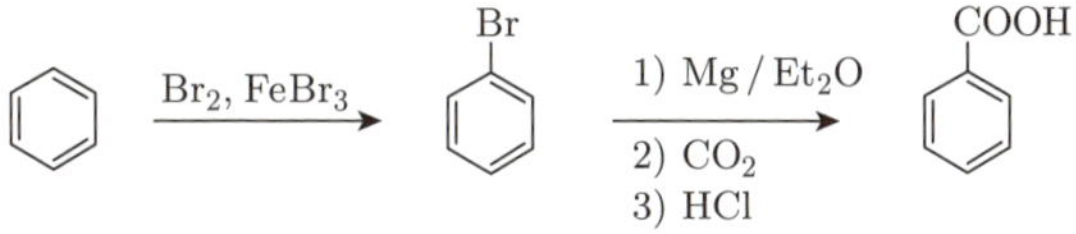

この方法が最も簡便でわかりやすい．

(2) クメン法は工業的にアセトンとフェノールを合成する代表的な反応である．

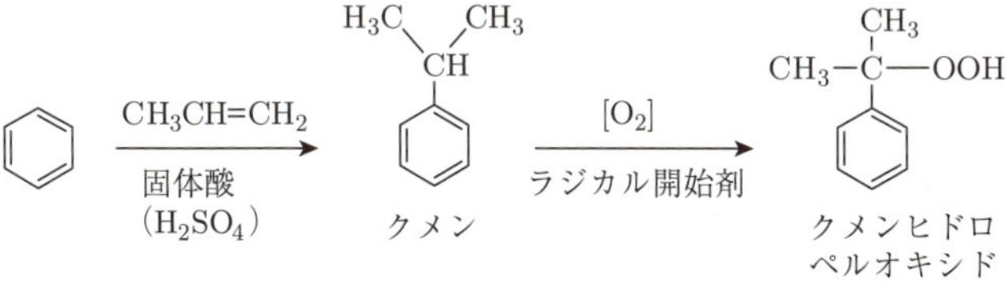

ベンゼンとプロピレンを酸触媒化反応させクメンに導く．このクメンを高圧・高温下触媒を加え空気酸化させ，過酸化物であるクメンヒドロペルオキシドとする．

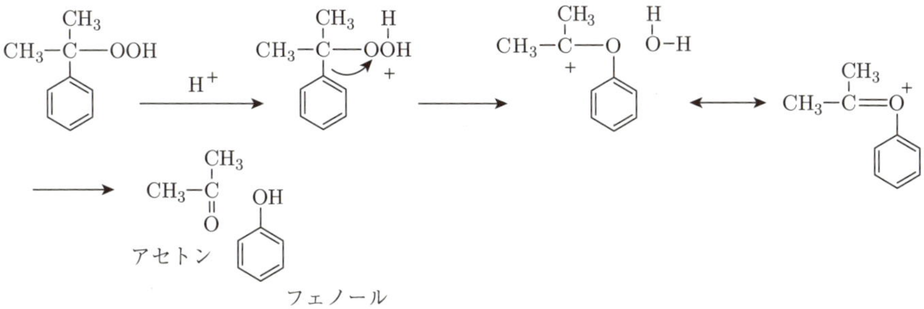

この過酸化物を酸触媒下高温で分解させることによりアセトンとフェノールが得られる．
(3) 1-フェニルエタノールはアルコールの付いた炭素にフェニル基が結合している．すなわち前駆体がアセトフェノンと考えるとわかりやすい．ヒントに従って考えると，Friedel-Crafts 反応のアシル化でアセトフェノンを合成し，水素化ホウ素ナトリウムまたは水素化リチウムアルミニウムで還元すると所期の化合物が合成できる．

$$\text{C}_6\text{H}_6 \xrightarrow{\text{CH}_3\text{COCl, AlCl}_3} \text{C}_6\text{H}_5\text{COCH}_3 \xrightarrow{\text{LiAlH}_4} \text{C}_6\text{H}_5\text{CHOHCH}_3$$

1-フェニルエタノール

■ 10 ■ a) オゾン酸化は未知のアルケンの分析に重要な方法の一つである．オゾン酸化を行うことにより，アルケンに置換した構造を解析することができる．オゾン酸化はアルケンを溶媒に溶かし，極低温でオゾンを吹き込むことにより，モルオゾニドを経由してオゾニドに導くことにより反応が進行する．生成したオゾニドは還元剤により処理しアルデヒドまたはケトンに導くことができる．すなわち

$$\text{1-methylcyclohexene} \xrightarrow{\text{O}_3, \text{CH}_2\text{Cl}_2} \text{ozonide} \xrightarrow{(\text{CH}_3)_2\text{S}} \text{ケトン＋アルデヒド}$$

アルケンにアルキル基が三置換していると，ケトンとアルデヒドが同時に得られる．

b) Diels-Alder 反応はジエンとジエノフィルの間の相互作用により新たな σ 結合を作り出す反応である．この反応は [4+2] 反応と呼ばれ，ジエンとジエノフィルは syn に付加する．また無水マレイン酸のカルボニルはジエン部分と 2 次的軌道相互作用するため，生成物は endo 体が優先する．

$$\text{シクロペンタジエン} + \text{無水マレイン酸} \xrightarrow{\Delta} \text{endo体} \quad (\text{exo体})$$

endo-, cis-カルボン酸無水物が生成する．

c) 左右非対称のエーテルの合成はウイリアムソンのエーテル合成を利用するのが一般的である．直鎖状のエーテルは深く考えることなくナトリウムアルコキシドとハライドで合成可能である．

$$\text{CH}_3\text{CH}_2\text{CH}_2\text{ONa} + \text{CH}_3\text{CH}_2\text{Br} \xrightarrow{\text{DMSO}} \text{CH}_3\text{CH}_2\text{CH}_2\text{OCH}_2\text{CH}_3$$

枝分かれの多いアルキル基をハライド側に用いた場合，塩基性条件下で脱ハロゲン化水素が起こり，アルケンができることが多いので注意が必要である．

d) アルケンからアンチマルコフニコフ配向のアルコールを合成するためにはハイドロボレーションとその酸化的解裂が有効である．

$$CH_3(CH_2)_3CH=CH_2 \xrightarrow{BH_3-THF} (CH_3(CH_2)_4CH_2)_3B$$

$$\xrightarrow[NaOH]{H_2O_2} CH_3(CH_2)_4CH_2OH$$

ハイドロボレーションを用いると立体障害を避けて，ボランのホウ素がアルケンの，より置換基の少ない側に結合する（アンチマルコフニコフ配向）．これを塩基性条件で過酸化水素により酸化的に C−B 結合を切断するとアルコールとホウ酸塩が生成する．

■ 11 ■ (a) ブロモベンゼンから安息香酸へはグリニャール反応を用いれば一段階で合成できる．

$$\text{PhBr} \xrightarrow[\text{2) CO}_2]{\text{1) Mg / Et}_2\text{O}} \text{PhCOOH}$$

(b) 2-プロパノールを 2-メチルプロパン酸に誘導するためには炭素原子を一つ導入する必要がある．この際，アルコールの部分にカルボキシル基を導入できると考えると，ここは (a) と同様にグリニャール試薬を使えばよいことがわかる．第二級アルコールをハライドに変える場合はハロゲン化水素よりはチオニルクロリドが好ましい．よってこの反応は

$$CH_3\text{-}CH(OH)\text{-}CH_3 \xrightarrow{SOCl_2} CH_3\text{-}CHCl\text{-}CH_3 \xrightarrow[\substack{\text{2) CO}_2 \\ \text{3) HCl}}]{\text{1) Mg / Et}_2\text{O}} CH_3\text{-}C(CH_3)(H)\text{-}COOH$$

このような二段階の反応で合成可能である．

(c) α水素を有するアルデヒドまたはケトンは強塩基条件でアルドール縮合を起こす．エステルの場合，求核置換反応の後，良い脱離基であるアルコールが脱離するため，アセト酢酸エステルのような β-ケトエステルを生じる．これを**クライゼン縮合**と呼ぶ．

$$2 \ CH_3COOC_2H_5 \xrightarrow{C_2H_5O^-Na^+} CH_3COCH_2COOC_2H_5 + C_2H_5OH$$

(d) 1-プロパノールから 1-ブタノールへは**一炭素増炭反応**である．これもハロゲン化を経てグリニャール反応を使えばよい．

$$CH_3CH_2CH_2OH \xrightarrow{SOCl_2} CH_3CH_2CH_2Cl \xrightarrow[\text{2) H}_2\text{CO}]{\text{1) Mg / Et}_2\text{O}} CH_3CH_2CH_2CH_2OH$$

一炭素増炭の炭素源にはホルムアルデヒドを利用する．

(e) 1-プロパノールから 1-ペンタノールへは**二炭素増炭反応**である．上記反応を二回繰り返してもよいが，一般にこれには**グリニャール試薬とエチレンオキシド**を使えばよい．

$$CH_3CH_2CH_2OH \xrightarrow{SOCl_2} CH_3CH_2CH_2Cl \xrightarrow[\text{2) } \triangle\text{O}]{\text{1) Mg / Et}_2\text{O}} CH_3CH_2CH_2CH_2CH_2OH$$

歪みを持つ三員環は求核試薬により開環し二炭素増炭したアルコールを与える．

■ 12 ■ 1) この二糖はショ糖 (スクロース) と呼ぶ．
2) 左がグルコース，右がフルクトースである．ヘミアセタール性水酸基どうしが脱水縮合し結合している． 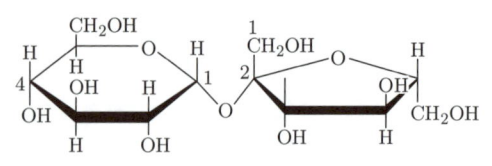
3) ヘミアセタールどうしが結合しており，ヘミアセタール部が開環できないためアルデヒド基が露出されることはない．よってスクロースは非還元性二糖として知られており，アンモニア性硝酸銀で銀鏡反応を呈することはない．

■ 13 ■ (1) L. Pauling が定めた元素の固有値であり，電気陰性度が大きいほど電子を引き寄せる力が強く，小さいほど電子を引き寄せる力が弱い．それぞれの元素が結合した場合，その電気陰性度の差によってこの結合が共有結合性 (< 1.7) か，イオン結合性 (> 1.7) であるかの目安となる (実際には「マリケンの電気陰性度」なども定義されているが，一般的に出てくるのはポーリングの電気陰性度である．ポーリングの定義ではハロゲンのフッ素が 4.0 で最大，炭素は 2.5，水素は 2.1 でアルカリ金属が最も小さい)．
(2) sp^2 または sp 混成軌道をとった炭素が他の原子 (炭素や酸素など) と結合する際，σ 結合以外に新たに作る結合を指す．sp^2 の場合，π 結合に参加する軌道は sp^2 平面に直交するため，この軌道どうしが重なってできる π 結合は sp^2 を含む平面の上方と下方に σ 結合と平行して広がっている．C=C の π 結合を含む分子をアルケンと呼び付加反応を起こしやすい．C=O の π 結合を含む部位をカルボニル基と呼び，π 電子密度に偏りがあるため，炭素側が求核反応を受けやすい．π 結合が複数連なった芳香族はアルケンとはまた異なった挙動を示す．
(3) 酸の定義にはアレニウスの定義，ブレンステッドの定義，ルイスの定義の三つがある．ルイスの定義が最も解釈が広く，孤立電子対を持つものがルイス塩基で空軌道を持つものがルイス酸である．BF_3 などは代表的なルイス酸で，無水の反応における酸触媒反応に多く用いられる．またエーテル類は酸素上に孤立電子対を有するためルイス塩基として空軌道を持つボランのホウ素やグリニャール試薬のマグネシウムの空軌道に孤立電子対を供与し，オクテットを保っていないホウ素やマグネシウムを安定化させる．アルキルアミンは代表的なルイス塩基である．
(4) ニューマン (Newman) 投影法とは M. S. Newman により提案された立体配座を表すのによく用いられる投影式の一つである．自由回転する σ 軸まわりを決め，この軸方向から分子を投影し，この軸まわりの両者の関係を眺める方法である．

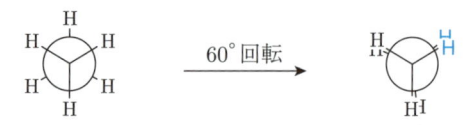

この投影法を用いると互いの原子の相対的位置関係がよくわかる．

■ 14 ■ (1) ハイドロボレーションと過酸化水素による酸化的開裂を用いる．

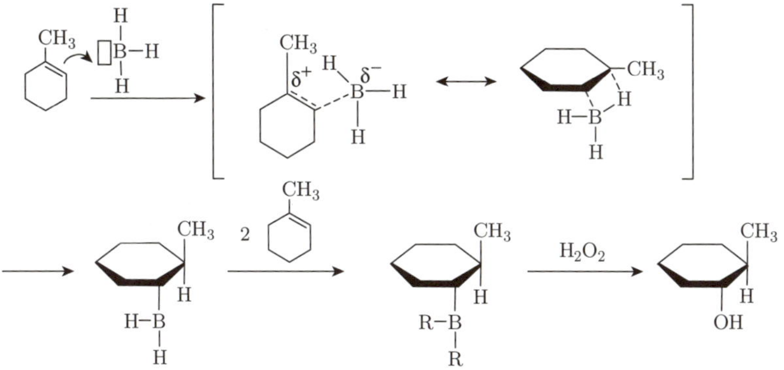

1-メチルシクロヘキサンをオキシ水銀化の方法で水和させると求電子試薬はプロトンであるため，付加した水素は 2 位に結合しより安定な第三級カチオンが生成する (水素に比ベアルキル基は超共役の働きにより電子を押し出しに働くため，より級数の高いカチオンが安定化される)．ハイドロボレーションの場合，オキシ水銀化と同じく求電子付加反応が起こるが，この場合，求電子試薬が水素ではなくルイス酸であるホウ素原子が求電子試薬として働く．この反応は四員環遷移状態を経由するが，立体障害を避けつつ，ホウ素が配向するのは 2 位であり，結果としてオキシ水銀化と同じように第三級カチオンを作る．ヒドリドが 1 位に入り 2 位にボランが入るが，最終的にはトリアルキルボランとなる．この際，なるべく立体的に込み入らない配置となるように付加するため，アルキルボランは 1 位ではなく 2 位が優先される．最終的に酸化的に C-B 結合が切断されるため 2-メチルシクロヘキサノールとなる．

(2) この反応もオキシ水銀化の場合と同じく，アルケンへのプロトンの付加が優先する．その際生成するアルキルカチオンは第三級カチオンが優先するため，安定な中間体は二位に水素が結合した第三級カチオンである．次に塩化物イオンがこの第三級カルボカチオンと結合するため 1-クロロ-1-メチルシクロヘキサンが生成する．

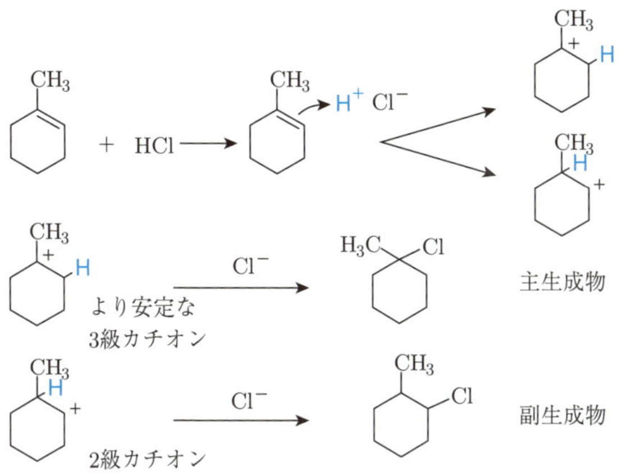

■ **15** ■ (1) (2)

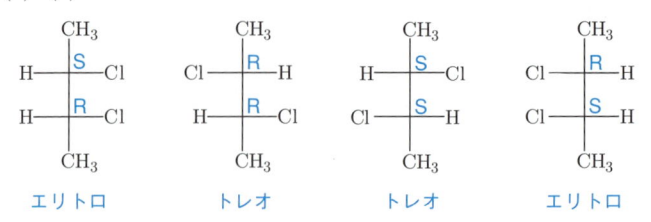

CH₃ (S: H,Cl / R: H,Cl) CH₃	CH₃ (R: Cl,H / R: H,Cl) CH₃	CH₃ (S: H,Cl / S: Cl,H) CH₃	CH₃ (R: Cl,H / S: Cl,H) CH₃
エリトロ	トレオ	トレオ	エリトロ

(3) 不斉炭素が二つあるので一般的にこの立体異性体は $2^2 = 4$ 通りあるはずである．しかし，フィッシャー (Fischer) 投影法の上下には対称にメチル基が存在する．すなわち，エリトロ体では 2 位と 3 位で面対称となる．エリトロ体の 2,3-ジクロロブタンは面対称で全く 2 位と 3 位の分子が重なりあうことがわかり，光学的に対称で旋光性を持たないことが想像できる．また，左のエリトロと右のエリトロは上下を逆にすると同じものになることが予想でき，実は同じものであることがわかる．すなわちエリトロ体の SR と RS は全く同一であり，この両者のことを**メソ (meso) 体**と呼ぶ．メソ体にはそれぞれの炭素は不斉炭素であるが，互いが対称でそれぞれの旋光性を打ち消しあってしまうため旋光性はない．

■ **16** ■ a) D-グリセルアルデヒドと L-グリセルアルデヒドを示す．

D-グリセルアルデヒド　　L-グリセルアルデヒド

天然のアルドースはすべて D 系列であり，フィッシャー投影法で最も下の不斉炭素のヒドロキシル基は右側すなわち D 体である．

b) 炭素数 4 の糖を酸化したものが酒石酸である．グリセルアルデヒド同様に水酸基と水素の配置が不斉源となっているが

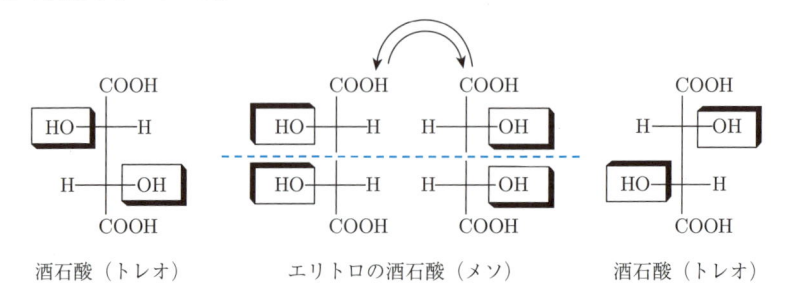

酒石酸（トレオ）　　エリトロの酒石酸（メソ）　　酒石酸（トレオ）

エリトロの酒石酸は上下が対称である．すなわち 2 種類は全く同じものであるため，酒石酸は 3 種類しか存在しない．このエリトロの酒石酸のことをメソ (meso) と呼びこのメソ体の酒石酸は光学活性を示さない．

c) エリトロとトレオの関係にあるアルドースは上下が非対称のためメソ体は存在しない．天然の糖は最も下の位置の不斉 (この場合は 3 位) は D 体であることを上で述べた．

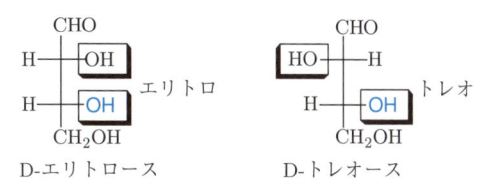

```
      CHO                    CHO
  H ──┤OH│              HO│──── H
                                       
  H ──┤OH│  エリトロ    H ──┤OH│  トレオ
      CH₂OH                  CH₂OH
   D-エリトロース           D-トレオース
```

不斉炭素が二つ以上合った場合，その配置がすべて逆の場合と一部が逆の場合が考えられる．D-エリトロースと D-トレオースは同じ D 体であるため 3 位の不斉は同じ配置である．2 位はエリトロとトレオの関係であるから互いに逆である．このように一部の不斉のみ異なる両者を**ジアステレオマー**と呼ぶ．ジアステレオマーは互いに性質が異なるため，旋光性だけでなく，溶解度や融点など化学的性質はすべて異なる．ちなみにそれぞれ L 体の糖は D 体とそれぞれの配置が全く逆になるので (**エナンチオマー**) 旋光性が異なること以外全く同一である．

d) 1) **光学活性カラムを用いて分ける**．光学活性な充填剤が詰められたカラムを用い，不斉の混合物を流すと互いに両者を分けることができる．

2) 不斉の**ラセミ混合物を微生物を用いて分解**させる．微生物は不斉物質のうちどちらかの物質と選択的に反応しやすいので，例えば不斉なエステルを原料とした場合どちらかのみが加水分解されることがある．それぞれ (エステルと加水分解されたカルボン酸やアルコール) を回収すると不斉な物質を単離することができる．

3) **微生物を用いて還元**する．ケトン類は微生物により還元される．パン酵母を用いて発酵している反応系内に左右非対称なケトンを加えると還元され，どちらかの不斉なアルコールが多く生成する．

4) **キラル触媒**を用いる．ある反応を進行させる際，不斉触媒を加えることによりどちらかの不斉の生成物 (不斉誘導反応) が得られる．

5) **ジアステレオマーにして分ける**．不斉な両者をカラム (光学活性カラムを除く) などで分けることはできないが，既知 (天然物など) の不斉を持つ物質と反応させることにより不斉個所が増え互いがジアステレオマーになる．ジアステレオマーは化学的性質が異なるためシリカゲルカラムクロマトグラフィーなど不斉を持たない充填剤でも分離容易であり，分離後不斉を持つ物質を切断すればよい．

e) シクロヘキサンは**舟形**と**いす形**の配座をとることが知られている．一般的に**熱力学的にはいす形が安定**である．いす形のそれぞれの水素は上下方向の**アキシアル** (axial) 位と環の外側に突き出た**エクアトリアル** (equatorial) 位にわかれている．

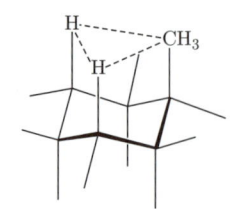

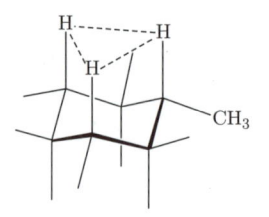

この 1,3,5 位のアキシアル位の置換基は立体的に接近 (点線) している．すべてが水素の場合立体的な混みあいは少ないがメチル基が導入されると互いがぶつかり合うため不安定化する．よってメチルシクロヘキサンのメチル基は右図のようにエクアトリアル位に移動する．

■ 17 ■ 水の分子量は 18 で燃焼により生成した水は $4.32/18 = 0.24\,\mathrm{mmol}$ である．
　二酸化炭素の分子量は 44 で燃焼により生成した二酸化炭素は $10.56/44 = 0.24\,\mathrm{mmol}$ である．化合物 $7.20\,\mathrm{mg}$ 中，炭素は $0.24 \times 12 = 2.88\,\mathrm{mg}$，水素は $0.24 \times 2 = 0.48\,\mathrm{mg}$ なので化合物中の酸素は $7.20 - 2.88 - 0.48 = 3.84\,\mathrm{mg}$ とわかる．組成式は $\mathrm{C:H:O} = 2.88/12 : 0.48/1 : 3.84/16 = 0.24 : 0.48 : 0.24$ すなわち $\mathrm{CH_2O}$ とわかる．

■ 18 ■ トルエンに結合しているメチル基は *o-, p-配向* である．ハロゲンも同様に o-, p-配向である．o-, p-に官能基を導入したい場合，トルエンやハロベンゼンを用いればよい．ニトロ基は *m-配向* であるため，m-位に官能基を導入したい場合，ニトロベンゼンを出発原料にすればよい．安息香酸はトルエンを過マンガン酸カリウムなどの強力な酸化剤により酸化することにより得られる．この方針に従い，以下の合成戦略を立てることができる．

■ 19 ■ (1)

$$CH_3COOR \xrightarrow{NaOH\ aq.} CH_3COO^- + ROH$$

(2) $0.1 \times 25.0 - 0.1 \times 15.0 = 1.0$ (mmol)

(3) このエステルの分子量を M とすると，このエステルの物質量と水酸化ナトリウムのモル数は等しい．よって $116/M = 1.0$　$M = 116$ となる．

　構造式 CH_3COOR より R は分子量 57 と計算できる．分子式 C_4H_9 がこの分子量に合致する．

■ 20 ■ (1)

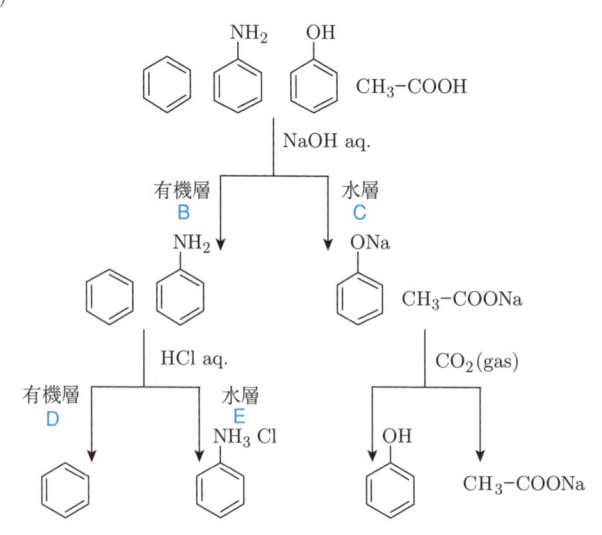

よって D はベンゼン，F はアニリン，G はフェノールである．

(2) D　クメン法ではベンゼンにプロピレンを作用させクメンとし，酸化によりクメンヒドロペルオキシドを経由してフェノールとアセトンを合成する．

(3)

$$H_2O + CO_2 \rightleftharpoons H_2CO_3$$
$$H_2CO_3 \rightleftharpoons H^+ + HCO_3^-$$

　この平衡は極めて右辺の寄与が少なく，ナトリウムなどの塩基が存在しない限り，炭酸水素イオンはほとんど生じない．

(4)

21 (1)

CH₃—C₆H₄—OH →(1) NaOH aq. / 2) CH₃I)→ CH₃—C₆H₄—OCH₃

ウイリアムソンのエーテル合成により，アニオンがヨードメタンを求核攻撃し，4-メトキシトルエンを生じる．

(2) 臭化テトラノルマルブチルアンモニウムは直鎖アルキル基を 4 個有する第四級アンモニウム塩である．

[(C₄H₉)₄N]⁺ Br⁻

炭素数 4 のアルキル基を持つため分子の末端は疎水性だが，分子の中央部は塩になっているためイオン性を有する．そのため，イオン性物質などを有機層に運搬することができる．このような物質を **相関移動触媒** と呼ぶ．

(3) クレゾールは有機化合物のためもともとは有機層に存在する．この反応ではクレゾールは水層に移動し，水酸化ナトリウムと反応し，フェノキシドアニオンを生じる．これが再び相関移動触媒とともに有機層に移動しヨウ化メチルと求核置換反応を起こす．生成した 4-メトキシトルエンは有機層に残る．未反応の原料も残存するため有機層を水酸化ナトリウム水溶液で洗浄する必要がある．フェノールは弱酸であるため炭酸水素ナトリウム程度の塩基ではプロトンを放出してフェノキシドイオンとなれないため，クレゾールを水層に抽出するためには強塩基である水酸化ナトリウム水溶液が必須である．

(4) IR で消失した $3300\,\mathrm{cm^{-1}}$ のピークは $-\mathrm{OH}$ の伸縮振動のピークである．クレゾールの水酸基はメトキシ基に変わったため $-\mathrm{OH}$ のピークが消失したと考えられる．

^{1}H-NMR (90 MHz, CDCl₃, δ) は 7.05 (2H, d, $J = 8.6\,\mathrm{Hz}$), 6.75 (2H, d, $J = 8.6\,\mathrm{Hz}$), 3.69 (3H, s), 2.24 (3H, s) である．芳香族の p-置換体を示す，互いに J 値の等しい二組の芳香族水素 (7.05, 6.75) が観測される．メチルエーテルを示す 3.69 と芳香族メチルを示す 2.24 のピークから，この構造 (4-メトキシトルエン) が示唆される．またこのメチルエーテルと芳香族メチルの積分値が等しく，原料に由来するピークが見られないことから，原料は残存せず，すべてメチル化されたものと考えられる．

^{13}C-NMR (22.5 MHz, CDCl₃, δ) はそれぞれ 157.46, 129.73, 128.19, 113.61, 54.93, 20.24 である．メトキシ基に結合した 4 位の炭素は 157.46 に観測され，2 位と 3 位は 129.73 と 113.61 に帰属される．1 位の炭素には水素が結合しておらず，ピークそのものが小さい．偶然化学シフトが 130 付近であるため 129.73 のピークに埋没 (128.19) しかけているものと想像できる．54.93 は酸素と結合し低磁場シフトしたメチル基，20.24 は芳香族メチル基である（なお 77 ppm 付近の 3 本のピークは重クロロホルムのピークである）．

以上，このチャートからはほぼ純粋に 4-メトキシトルエンができているものと考えられる．

■ 22 ■ (1) (a) 金属ナトリウムは強い塩基であり，比較的融点も低い金属である．水と激しく反応するため処理に水を用いてはならない．ガラス器具内に残った金属ナトリウムは一般によく冷やした条件において，ドラフト内で無水のエタノールをゆっくり注ぎ分解させるのが一般的である．

(b) エタノールと反応し水素ガスを発生する．可燃性ガスであるのでドラフト内で行うのが望ましい．

　また，急激に反応させると金属ナトリウムが融解し，液滴状になり溶媒表面を水素を発生させながら走り回る．やがて水素ガスに引火しオレンジ色の炎を出しながら燃え上がる可能性があり，有機溶媒なら確実に引火し大惨事となる．発熱を抑えながらなるべく低温でゆっくりエタノールを加え分解する必要がある．

(2) (a)

$$\text{C}_6\text{H}_5\text{-Br} \xrightarrow[\text{Et}_2\text{O}]{\text{Mg}} \text{C}_6\text{H}_5\text{-MgBr}$$

(b) 臭化ベンゼンの分子量は 156.9 で Mg は 24.3 であることより必要なそれぞれの重さは $156.9 \times 0.01 = 1.57\,\text{g}$, $24.3 \times 0.012 = 0.30\,\text{g}$ である

　これでグリニャール試薬 10 mmol ができる．このジエチルエーテルの 1.0 規定溶液ということなのでジエチルエーテルは 10 ml であれば 1.0 規定溶液 (1.0 mol/l) となる．

　よく乾かした三つ口フラスコに還流冷却器，滴下漏斗，温度計を設置する．攪拌子を入れておき，フラスコの下部にはマグネチックスターラーを設置する．還流冷却管の上には塩化カルシウム管を設置する．マグネシウム 0.30 g とエーテル 5 ml をフラスコ内に入れ，滴下漏斗には臭化ベンゼン 1.57 g とエーテル 5 ml を加える．マグネシウムを活性化 (表面の酸化マグネシウムの被膜を除去) するため，最も小さなヨウ素片を一かけら入れ，攪拌させる．最初褐色であったものがほぼ無色になる．引き続き臭化ベンゼンエーテル溶液を約 1/10 量を滴下する．細かな泡が発生するのを確認し，急激に発熱しない程度に臭化ベンゼンのエーテル溶液をおだやかに滴下する．滴下終了後，反応を完結させるため，油浴で加熱還流させ，室温で静置し次の反応に用いる．

■ 23 ■ (1) プロピレンに硫酸付加させると第二級カチオンが安定化されるため，プロトンが 1 位に結合し，2 位に硫酸水素イオンが結合する．これを加水分解すると 2-プロパノールとなる．2-プロパノールを酸化するとアセトンとなる．

$$\text{CH}_3\text{-CH=CH}_2 \xrightarrow{\text{H}_2\text{SO}_4} \underset{\text{CH}_3\text{-CH-CH}_3}{\overset{\text{OSO}_3\text{H}}{|}} \xrightarrow{\text{NaOH aq.}} \underset{\text{CH}_3\text{-CH-CH}_3}{\overset{\text{OH}}{|}}$$

2-propanol alchol A

$$\xrightarrow{\text{KMnO}_4} \underset{\text{CH}_3\text{-C-CH}_3}{\overset{\text{O}}{\parallel}}$$

acetone ketone B

(2) クメン (イソプロピルベンゼン) である．クメンを酸化しクメンヒドロペルオキシドとした後，切断するとアセトンとフェノールに分解される．

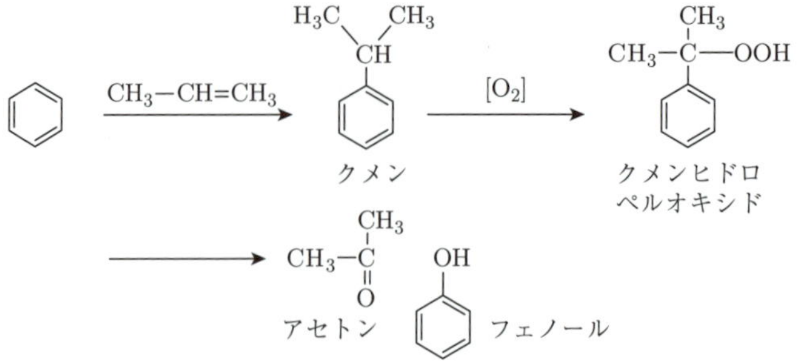

(3) プロピレンをアンモニア存在下で空気酸化する方法をソハイオ法と呼び，このプロピレンのアンモ酸化によりアクリロニトリル ($CH_2=CH-CN$) が生成する．アクリロニトリルは重合によりポリアクリロニトリルとなる．ポリアクリロニトリル中には極性の高いニトリルがあるため分子間力が強く，難溶解性，高軟化点の性質を持つ．風合いが羊毛と似ているためカーペット類に用いられる．

(4) プロピレンと塩素の反応により得られると期待される生成物は，塩素の付加生成物と，塩素の置換生成物の 2 種類である．それぞれの分子量は付加生成物 $C_3H_6Cl_2 = 113$，置換生成物は $C_3H_5Cl = 76.5$ であり，設問から化合物 A は **置換生成物** であろうと推察できる．また，この組成は炭素および水素の重量比 (元素分析結果) とよく一致している．水酸化ナトリウムと処理することにより得られる生成物は第一級アルコールであることから，原料は第一級ハロゲン化アルキルであると考えられる．よって化合物 A は 3-クロロ-1-プロペンであると推測できる．

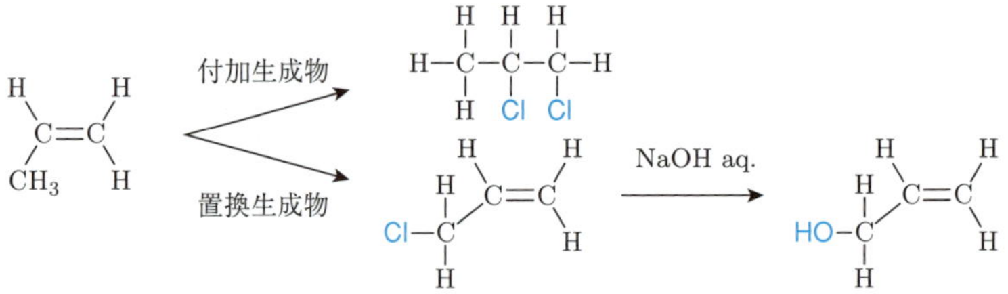

(5) アセトンを原料に炭素数 6 のメチルイソブチルケトンの合成法を考える．単純に炭素数は 2 倍であるのでアセトンの二量化を検討する．目的生成物にアセチル基があるのでここを一方のアセトンのアセチル基として考える．するとアルドールによる二量化生成物からヒドロキシル基を除去すればよいことがわかる．

$$\underset{\substack{\text{acetone}\\\text{ketone B}}}{CH_3-\overset{O}{\underset{\|}{C}}-CH_3} \xrightarrow[\Delta]{NaOH} \left[CH_3-\underset{\underset{CH_3}{|}}{\overset{\overset{OH}{|}}{C}}-CH_2-\overset{O}{\underset{\|}{C}}-CH_3 \right] \xrightarrow{-H_2O}$$

アルドール縮合生成物

$$CH_3-\underset{\underset{CH_3}{|}}{C}=CH-\overset{O}{\underset{\|}{C}}-CH_3 \xrightarrow{H_2/Pd} CH_3-\underset{\underset{CH_3}{|}}{\overset{H}{\underset{|}{C}}}-CH_2-\overset{O}{\underset{\|}{C}}-CH_3$$

よって生成物を強熱してアルケンに脱水しておき，接触水素添加によりメチルイソブチルケトンが合成できることが予想できる．

■ 24 ■ (a) アセトアルデヒドは塩基により α 水素を奪われ，カルボアニオンを生じる．カルボアニオンの負電子は δ^+ 性を持つカルボニル炭素に移動し，電子が立ち上がり酸素上に移行する．これがエノラートアニオン (ケト-エノール平衡のうちエノール型をとった酸素上に高い電子密度を有するアニオン) である．

$$H_3C-\overset{O}{\underset{\|}{C}}-H \xrightarrow{NaOH} \left[H_2\overset{-}{C}-\overset{O}{\underset{\|}{C}}-H \longleftrightarrow H_2C=\overset{O^-}{\underset{|}{C}}-H \right]$$

エノラートアニオン

(b) エノラートアニオンはカルボアニオンと共鳴状態で存在している．このアニオンが電子不足の δ^+ 性のカルボニル炭素を攻撃する．

$$H_3C-\overset{O^{\delta-}}{\underset{\|}{\overset{\delta+}{C}}}-H \quad H_2\overset{-}{C}=\overset{}{C}-H \longrightarrow H_3C-\overset{O^-}{\underset{|}{C}}H-CH_2-\overset{O}{\underset{\|}{C}}-H$$

C–C 結合ができると炭素は手が 5 本となるため，カルボニルの C=O 二重結合が切断され O^- となる．

(c) O^- は水中のプロトンを奪いアルドールが形成する．

$$H_3C-\underset{\underset{CH_2}{|}}{\overset{\overset{H_2O}{\underset{|}{O^-}}}{C}}H-\overset{O}{\underset{\|}{C}}-H \longrightarrow H_3C-\underset{\underset{CH_2}{|}}{\overset{\overset{OH}{|}}{C}}H-\overset{O}{\underset{\|}{C}}-H \xrightarrow{H^+ \text{ or } OH^-} H_3C-\overset{H}{\underset{\|}{C}}=\underset{\underset{H}{|}}{C}H-\overset{O}{\underset{\|}{C}}-H$$

通常，酸，塩基条件下では脱水し α, β 不飽和アルデヒドを与える．

(d) 3-hydroxybutanal　3-ヒドロキシブタナール

■ 25 ■ 炭素は基底状態では 2s 軌道に 2 個の 2p 軌道に 2 個の電子を有している．炭素は共有結合を作り最外殻に電子を満たすため 8 個の電子を獲得しようとする．そのため炭素の

電子は基底状態から励起され 2s 軌道の電子 1 個を 2p 軌道に昇位させる．そして軌道を混成させ sp^3 混成軌道を作る．エチレンの場合，sp^2 混成軌道を作る．そのため p$_z$ 軌道が σ 軌道を作ることなく sp^2 平面の上下方向に軌道を展開している．このそれぞれの炭素の p$_z$ 軌道が重なりあうことにより π 結合が形成される．

メタン分子は炭素原子の四つの (sp^3) 混成軌道と四つの原子の (1s) 軌道の重なりによって生成する．生成したメタン分子は (正四面体) 構造を持ち四つの (σ) 結合からなっている．エチレン分子の炭素炭素二重結合は一つの (σ) 結合と一つの (π) 結合からなっており，エチレン分子は (平面) 構造を持っている．

26

この反応は上記のように進行する．

オレフィンにプロトンが付加する．その際，形成されるカルボカチオンの級数がカチオンの安定性を決定する．水素に比べアルキル基は超共役の作用により電子を押し出す働きをする．よって電子供与性置換基の置換基の付いた第二級カチオンが第一級カチオンより安定である．よって，正解は以下のようになる．

プロペンへの塩化水素の通常の付加反応の第 1 段階は炭素炭素二重結合への (プロトン) の付加である．この段階には中間体である (イソプロピルカチオン) あるいは (n-プロピルカチオン) を与える 2 通りの経路が考えられる．第 2 段階で (塩素陰イオン) が前者の中間体と結合したとすると 2-クロロプロパンが生成し，後者の中間体と結合したとすると 1-クロロプロパンが生成することになる．しかし，実際の反応では，(2)-クロロプロパンだけが生成する．この理由は，この反応では最も (安定) な炭素 (陽イオン) 中間体が生成するように反応が進行するためと説明されている．

27

生成した二酸化炭素は $4.4\,\text{g} = 0.1\,\text{mol}$，水は $1.62\,\text{g} = 0.09\,\text{mol}$ であるベンゼンの分子式は C_6H_6 でエタノールの分子式は C_2H_6O である．ベンゼンのモル数を x，エタノールのモル数を y と置くと，

$6x + 2y = 0.1$

$6x + 6y = 0.09 \times 2$　（水の組成式は H_2O で水素は二分子あるため）

よってこの式を解くと $x = 0.01$，$y = 0.02$ となる．

ベンゼン 0.01 mol, エタノール 0.02 mol である.

■ **28** ■ 分子式が C_9H_{10} の一置換ベンゼンの化合物として考えられるものは

(I)　(II)　(III)　(IV)　(V)

が, 挙げられる.

(1) 生成物 F と G である **A と B は互いに幾何異性体**である.
化合物 A と B の構造は (III) と (IV) であろうと考えられる.

(2) 化合物 C と D は共通の I を与えている. すなわち I とはホルムアルデヒドであり, 化合物 C と D は上記 (I)(II) であろうと考えられる.
よって H と J の構造式は

である.

(3) ヨードホルム反応で生ずるのはヨードホルムである. CHI_3

(4) ヨードホルム反応はアセチル基を持つ化合物で起こる現象である.

$$\text{PhCOCH}_3 + 3\text{NaOI} \longrightarrow \text{PhCOCI}_3 + 3\text{NaOH}$$

$$\text{PhCOCI}_3 + \text{NaOH} \longrightarrow \text{PhCOONa} + \text{CHI}_3$$

よって正解は (イ)

(5) 化合物 E はオレフィンを持たない構造である. すなわち (V) の

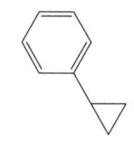

■ 29 ■ 問 1

	原料	必要なもの
A	ニトロベンゼン	濃塩酸　Sn
B	エタノール	空気　濃硫酸
C	ベンゼン	濃塩酸　Fe　塩素
D	アニリン	亜硝酸ナトリウム　塩酸
E	フェノール	濃硫酸　濃硝酸
F	ベンゼン	塩素　光

　ニトロベンゼンは塩酸とスズで還元する (塩酸と鉄でも還元できる).

　原料は一つと書かれているので酢酸はエタノールの酸化で合成する．エタノールを空気酸化させ酢酸を合成し，この酢酸とエタノールから硫酸酸触媒で酢酸エチルを合成する．

　クロロベンゼンは塩化鉄触媒で求電子置換反応が進行する．塩酸と鉄から塩化鉄を作った後，これを触媒に塩素を用い求電子置換反応させる．

　塩化ベンゼンジアゾニウムはアニリンを塩酸酸性で冷時 (10℃以下) 亜硝酸ナトリウム水溶液を加えることで得られる．

　フェノールに濃硫酸，濃硝酸を加えニトロ化させることによりトリニトロ化合物が得られる．ピクリン酸は爆薬の原料である．

　BHCとはベンゼンヘキサクロリドの略である．一般にヘキサクロロシクロヘキサンと呼ばれ，以前殺虫剤として用いられていた (土壌中への残留が環境汚染として問題となり現在は使用禁止である)．ベンゼンへの光塩素化により塩素の付加反応が起こる．

問 2　塩化ベンゼンジアゾニウム

　塩化ベンゼンジアゾニウムはベンゼンジアゾニウムカチオンと塩化物イオンの塩のため水溶性である．

問 3　シクロヘキサン，ベンゼン

　窒素や酸素などの原子 (ヘテロ原子) は非共有電子対 (孤立電子対) を有している．

問 4

$$\text{C}_6\text{H}_6 \xrightarrow{\text{Cl}_2,\ \text{FeCl}_3} \text{C}_6\text{H}_5\text{Cl}$$

問 5

$$\text{C}_6\text{H}_5\text{NH}_2 \xrightarrow[\text{2) NaNO}_2\ \ 10℃以下]{\text{1) HCl}} \text{C}_6\text{H}_5\text{N}_2^+\text{Cl}^-$$

問 6　この反応ではフェノキシドアニオンがジアゾニウムの炭素を求核攻撃するように思えるが，実際にはその反応は起きない．この場合，ジアゾカップリングが主に進行するため

p-ヒドロキシアゾベンゼンが主たる生成物となる．**ジアゾカップリング**により生成するジアゾ化物は多くの場合，強く着色している．

30 ○ α-ハロゲン酸のアミノ化反応

カルボン酸の α 位を臭素およびリンを用いてハロゲン化させる．アンモニアで処理すると α 位にアミノ基が導入できる．比較的単純なアミノ酸 (グリシン，アラニン，バリンなど) の合成に使われる．

$$R-CH_2-COOH \xrightarrow{Br_2, P} \underset{\underset{\alpha-ハロゲン酸}{Br}}{R-CH-COOH} \xrightarrow{NH_3} \underset{NH_2}{R-CHCOOH}$$

○ ストレッカー (Strecker) 合成

アルデヒドにアンモニアを付加させ，できた中間体のアルドイミンにシアン化水素を反応させるとアミノニトリルが得られる．このアミノニトリルを加水分解することにより α-アミノ酸が合成できる．この方法でグリシン，アラニン，バリン，イソロイシンなどが合成できる．

$$R-CHO \xrightarrow{NH_3} [R-CH=NH] \xrightarrow{HCN} \underset{\underset{アミノニトリル}{NH_2}}{R-CH-CN} \xrightarrow{H^+} \underset{NH_2}{R-CH-COOH}$$

○ マロン酸エステル合成

マロン酸ジエチルには活性メチレンがあるため塩基により容易にエノラートアニオンを生じる．このアニオンを用い，アルキル化を行い，ケン化，ハロゲン化を行う．β-ケト酸は酸性溶液中，加熱により脱炭酸するため α-ハロカルボン酸となる．アミノ化によりアミノ酸が得られる．

$$\underset{マロン酸ジエチル}{\overset{COOC_2H_5}{\underset{COOC_2H_5}{CH_2}}} \xrightarrow[2)\ C_6H_5CH_2Cl]{1)\ NaOC_2H_5} \underset{COOC_2H_5}{\overset{COOC_2H_5}{CH-CH_2-C_6H_5}} \xrightarrow[2)\ Br_2]{1)\ OH^-} \underset{COOH}{\overset{COOH}{Br-C-CH_2-C_6H_5}}$$

$$\xrightarrow[-CO_2]{加熱} \underset{COOH}{Br-CH-CH_2-C_6H_5} \xrightarrow{NH_3} \underset{\underset{フェニルアラニン}{COOH}}{H_2N-CH-CH_2-C_6H_5}$$

その他にこのマロン酸エステル法を改良してGabrielのアミン合成を組み合わせたフタルイミドマロン酸エステル合成法などがある．

■ 31 ■　(1) 付加反応によるポリエチレンの合成

ここでは重合開始剤の例としてアゾビスイソブチロニトリル (AIBN) を挙げているが，発生したラジカルが順次エチレンの二重結合と反応し連鎖的にラジカルを作っていく．

$$CH_3-\underset{CN}{\underset{|}{C}}-N=N-\underset{CN}{\underset{|}{C}}-CH_3 \xrightarrow{\Delta} CH_3-\underset{CN}{\underset{|}{\overset{\bullet}{C}}} + N_2 + \overset{\bullet}{\underset{CN}{\underset{|}{C}}}-CH_3$$

AIBN　　　　　　　　　　　　ラジカルの発生

高分子の伸長

ラジカルの再結合による伸長の停止

ポリエチレンのモノマーは上記に挙げたエチレンである．ポリエチレンはラップやポリ袋，水道やガスのパイプなどに使われる．大きく分けて低密度ポリエチレンと高密度ポリエチレンがあり，製造方法により生成物が異なり分子量や枝分かれも異なる．

縮合反応によるナイロン66の反応

このアミド化の反応は界面でのみ進行する．モノマーはヘキサメチレンジアミンとアジピン酸である．ジアミンとジカルボン酸から脱水縮合により高分子が形成される．この反応は

水溶液中のアミンが有機溶媒中の酸塩化物のカルボニルを攻撃し，塩化物イオンが脱離しアミドを形成する．もう一方の酸塩化物を他のアミンが攻撃し高分子化することによりナイロン66が得られる．この両者が出会えるのは有機層と水層の界面だけであり，**界面重合**したものをピンセットでつまみ上げると長い繊維状のナイロンが得られる．

ナイロンは衣料用の繊維やタイヤコードなど産業用に用いられる．モノマー間がアミド結合で結ばれているため，繊維として用いた場合，他の合成繊維であるポリエステルなどに比べ，剛直さが少なくタンパク質である絹に触感が似ている．また，ポリエチレンに比べ分子内にアミドを持つため染色性がよい．

(ポリエチレンも単なる長鎖アルカンであるように思えるが，分子の枝分かれや分子の結合の様子により，実際その物性は高分子独自の性質がありさらに複雑である．高分子の分子構造

とその性質は上記以外に特筆すべきことは多くあるが，詳細は高分子の参考書を参考にされたし．)

(2) 高分子を溶融状態から結晶化が起こらない条件で冷却していくとガラス状態となる．この液体状態とガラス状態の転移をガラス転移といい，その温度を**ガラス転移温度 (Tg)** という．高分子は身近な環境で「結晶状態」をとっていることは少なく多くの場合「ガラス状態」やガラス状態より温度の高い「ゴム状態」である．すなわちこの状態からガラス転移点を超えることにより分子鎖間の動きが固定され，急激に諸物性が変化するため，実用面では融点よりガラス転移温度が重要となる．例えばウレタンフォームはガラス転移温度が低いものは軟らかい軟質のウレタンフォーム (スポンジやクッションなど)，高いものは硬質のウレタンフォーム (住宅の断熱材など硬いもの)，室温よりやや高いガラス転移温度を持つものが人の体温で変形する形状記憶フォームであり，ウレタンフォームが都合のよい形で固定される．

(3) 例えばフェノール樹脂の場合，フェノールとホルムアルデヒドを重合させ合成する．(1) の直鎖状のものと異なり，フェノール環が3次元的に結合するため熱を与えると硬化する (**熱硬化性高分子**).

熱可塑性高分子は主に射出成型プラスチックなどに使われるのに対し，フェノール樹脂は成形材料 (電気部品や機械部分)，積層品 (布や銅版を基剤とする複合材料など)，木材加工用の接着剤や塗料に使われる．フェノール樹脂が接着剤や塗料に使われるため，樹脂中に含まれるホルムアルデヒドがシックハウス症候群の主たる原因として知られている．

(4) 糖質：主に動植物のエネルギー源や植物の細胞壁として使われている．植物の光合成によりデンプンやセルロースが作られ，そのうち，デンプンは動物に摂取され，体内でグリコーゲンとして再び蓄えられる．デンプンやグリコーゲンは加水分解後，単糖となり TCA 回路を経由して ATP を合成し，この ATP が動植物のエネルギー源となる．

糖質の高分子はグルコースがその中心となっており，アミロースは α-D-グルコピラノースの $\alpha 1,4$-結合 (**グリコシド結合**) により長鎖を作っている (上記は $\alpha 1,4$-結合を持つ二糖類のマルトース).

タンパク質：主に動植物の原形質を作っている．われわれの身体の中では筋肉や脳，各種酵素中に存在し，生体の維持の中心的な役割を担っている．

$$H_2N-\underset{\underset{H}{|}}{\overset{\overset{CH_3}{|}}{C}}-CO-N-CH_2-\overset{\overset{O}{\|}}{C}-OH$$

Ala-Gly

上記はアラニンとグリシンが結合したアラニルグリシンを例示しているが，このアラニンとグリシンはアミノ基とカルボキシル基が脱水縮合してできた**ペプチド結合** (アミド結合) がアミノ酸を結んでいる．タンパク質はこのペプチド結合により約数万の分子量を持ったポリアミノ酸からなる．

核酸：核酸は細胞の核の中に存在する遺伝をつかさどる物質である．核酸にはDNAとRNAがあるがどちらも塩基，糖，リン酸を有する高分子である．

例としてDNAを挙げた．DNAは一つの単位ヌクレオチドが**リン酸結合**により結合した物質である．DNAどうしはワトソンクリックモデルといわれるA-Tの二本の水素結合およびC-Gの3本の水素結合でさらに相補的に結合している．

■ **32** ■ (1) 例示されたAはα-グルコピラノースである．セルロースの原料のBはβ-グルコピラノースである．

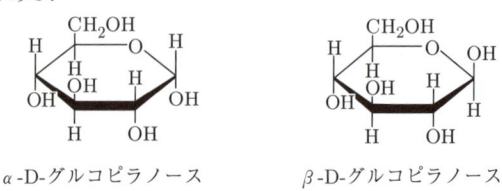

α-D-グルコピラノース　　β-D-グルコピラノース

(2) デンプンは多数の (α-グルコピラノース) が (脱水) 重合した構造を持つ高分子化合物で，重合度を n とするとその分子式は ($(C_6H_{10}O_5)_n$) で表される．植物体のデンプンには，枝分かれ構造を持ち，温水にも溶けない (アミロペクチン) と，直鎖構造で温水に溶ける (アミロース) がある．デンプンを酵素 (アミラーゼ) で加水分解処理すると，デキストリンを経て，分子式が ($C_{12}H_{22}O_{11}$) で表される二糖類 (マルトースまたは麦芽糖) を生じる．
　一方，デンプンと同じ化学式で表されるセルロースは，多数の (β-グルコピラノース) からできた高分子化合物であり，デンプンとは異なる性質を示す．セルロースは 植物繊維の素材であり，酵素 (セルラーゼ) によって二糖類の (セロビオース) になる．また，セルロース単位構造に含まれる (3) 個の水酸基を，硝酸や無水酢酸を用いて (ニトロ，アセチル) 化させることで，綿火薬やアセテート繊維などの有用な物質を得ている．
(3) 多糖類のデンプンの平均の組成は ($C_6H_{10}O_5)_n$ で単糖の単位あたりの分子量は 162 である．
　二糖類のマルトースは $C_{12}H_{22}O_{11}$ であるので分子量は 342 である．よって (16.2/162) × (342/2) = 17.1 16.2 g のデンプンは加水分解し，付加した水の分子量分が増え 17.1 g となる．
(4) ヨウ素デンプン反応 (ただしアミロペクチンの含量が多いと青紫の独特の呈色は示さない)．
(5) 再生繊維，再生セルロースと呼ぶ．
　レーヨン (銅アンモニアレーヨン，アセテートレーヨン，ビスコースレーヨン) などがある．

発展演習問題

　本章で取り上げた大学院入学試験は各大学院の基礎問題および必修問題のうち特に平易なものを集めている．実際の問題のほとんどは教科書 (基礎有機化学) や本演習書で全く取り上げていないより高度な問題，すなわち複雑な立体化学の問題やより詳しく理解すべき反応機構，多くの人名反応などが使われており，さらなる学習が必要である．これらを解く上においてもこれまでの教科書を基礎としてより詳しい有機化学の専門書を読んで取り組んでいただきたい．大学院の入学試験は昨今ほとんどの大学が公開しており，各校のホームページより入手可能である．

■ 1 ■　アンモニアに比べ，アルキルアミンの塩基性は強い．これは

$$H\text{——}NH_2 \quad \xrightarrow{} \quad CH_3\text{——}NH_2$$

電子供与性置換基

　アルキル基が電子供与性置換基として働き，塩基として作用する窒素の孤立電子対に電子を押し込むためである．この作用は電子供与基であるアルキル基が多いほど強く，ジアルキルアミンまでは塩基性は強くなるが，トリアルキルアミンでの塩基性はジアルキルアミンよりも弱い (pK_b　アンモニア 4.76　メチルアミン 3.36　ジメチルアミン 3.23　トリメチルアミン 4.20)．これはプロトン化されたアミンへの水和の立体障害のためだと考えられている．下図に示すように，ジメチルアミンのプロトン化体は 2 個以上の水分子の水素結合により安定化されるのに対し，第三級アミンであるトリメチルアミンのプロトン化体は 1 個の水分子の

水素結合による安定化に限定され，立体的に不利となる．

アルキルアミンの塩基性はピリジンよりも強い．これは窒素の混成軌道がアルキルアミンでは sp^3 ピリジンでは sp^2 のためである．

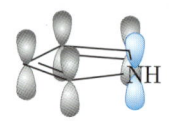

ピロールの窒素の孤立電子対は π 電子雲に使われる

ピロールは塩基性がほとんどない

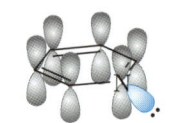

ピリジンの孤立電子対は環外に出ている

ここで残りの二つの含窒素複素環芳香族の塩基性の強さを考える．ピロールの窒素の孤立電子対は芳香族の共鳴安定化に使われるため，塩基性はほとんどない ($pK_b = 13.6$) ピリジンの孤立電子対は環外に出ており，若干の塩基性を有する．しかし，ピリジンの窒素は sp^2 混成軌道をとっており，s 性が高いため孤立電子対も核に強く引き寄せられるためアルキルアミンに比べ塩基性は低い ($pK_b = 8.63$)．

よって以上をまとめると，

$$Me_2NH > MeNH_2 > Me_3N > \text{ピリジン} \gg \text{ピロール}$$

となる．

2 a) は反応系内に過酸化物が含まれている．b) は酸触媒反応である．

a) 過酸化物存在下や光照射下で反応させた場合，HBr から臭素ラジカルが生じる．臭素ラジカルはオレフィンに攻撃するが，その際より安定な第二級ラジカルを生じるべく，臭素ラジカルは 1 位に結合する．この付加反応は立体障害の面からも有利である．この第二級のラジカルは他の臭化水素から水素原子をラジカル的に引き抜き，臭素ラジカルを生成する．これが HBr の**ラジカル反応**である．

ラジカル反応で臭化水素が付加した場合，アンチマルコフニコフ配向の A を与える．

$$R\text{—}O\text{—}O\text{—}R \longrightarrow 2\ R\text{—}O^\bullet \qquad (1)$$

$$R\text{—}O^\bullet + HBr \longrightarrow R\text{—}OH + Br^\bullet \qquad (2)$$

$$+ Br^\bullet + \diagup\!\!\!=\!\!\!\diagdown \longrightarrow \diagup\!\!\!\overset{\bullet}{\diagdown}\!\!\!\text{Br} \qquad (3)$$

より安定な第二級ラジカル

$$\diagup\!\!\!\overset{\bullet}{\diagdown}\!\!\!\text{Br} + HBr \longrightarrow \diagup\!\!\!\overset{H}{\diagdown}\!\!\!\text{Br} + Br^\bullet \qquad (4)$$

式 (3) と式 (4) が連続的に進行しラジカル連鎖反応となる．

b) 酸触媒で HBr が付加した場合，マルコフニコフ則に従い，プロトンが付加した後，安定な第二級カチオンを生成し，引き続き臭化物イオンが 2 位に付加するため生成物 B を与える．

$$\diagup\!\!\!=\!\!\!\diagdown \xrightarrow{H^+} \diagup\!\!\!\overset{+}{\diagdown}\!\!\!H$$

より安定な第二級カチオン

$$\diagup\!\!\!\overset{+}{\diagdown}\!\!\!H \xrightarrow{+Br^-} \diagup\!\!\!\overset{Br}{\diagdown}\!\!\!H$$

■3■

1) a) 出発物質はアセト酢酸エチルである．**アセト酢酸エステル合成**で，活性メチレンに必要な炭素数のアルカンを導入する．用いるのはハロアルカンである．

$$CH_3\text{-}CO\text{-}CH_2\text{-}CO\text{-}OC_2H_5 \xrightarrow[\text{2) } CH_3CH_2Br]{\text{1) } NaOC_2H_5} CH_3\text{-}CO\text{-}CH(CH_2CH_3)\text{-}CO\text{-}OC_2H_5 \xrightarrow[\text{2) } H^+]{\text{1) NaOH aq.}}$$

$$CH_3\overset{\beta}{-}CO\overset{\alpha}{-}CH(CH_2CH_3)\text{-}COOH \xrightarrow{\Delta} [\text{六員環遷移状態}] \quad \beta\text{ケト酸の脱炭酸}$$

$$\longrightarrow \underset{\text{エノール型}}{CH_3\text{-}C(OH)\!=\!CH(CH_2CH_3)} + CO_2 \longrightarrow \underset{\text{ケト型の最終生成物}}{CH_3\text{-}CO\text{-}CH_2CH_2CH_3}$$

得られた α-アルキル化物であるが，もはやエステル部位は不要なので，ケン化後脱炭酸で除去する．すなわち，ケン化してカルボキシラートイオンにした後，酸性にして加熱すると

六員環の遷移状態を経由し β-ケト酸の脱炭酸を起こし，エノール体となる．すぐケト体に互変異性することにより所期の 2-ペンタノンが得られる．アセト酢酸エチルはアセトンの**合成等価体**である．

b) ブロモ酢酸エステルに炭素鎖を導入するためにはグリニャール試薬より反応性の低い亜鉛錯体を用いる**レフォルマトスキー反応**を用いる (グリニャール反応だと，基質を加える前に生成したグリニャール試薬どうしが分子間で反応を起こしてしまうため)．ヒドロキシメチル基を導入するためにはアルデヒドとしてホルムアルデヒドを用いる．有機亜鉛試薬はエステルとは反応せずアルデヒドとはすみやかに反応する．

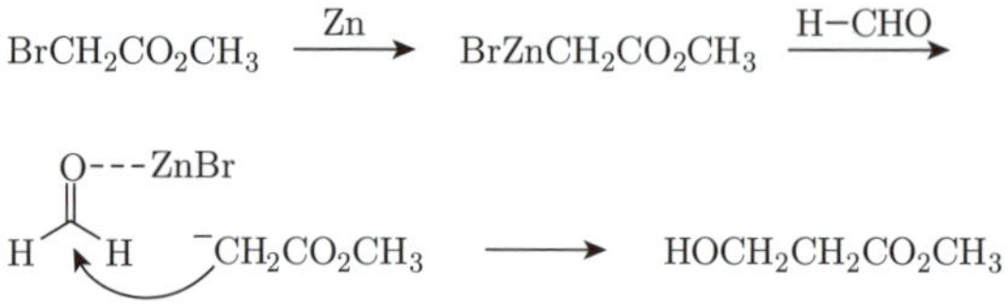

BrCH2CO2CH3
Zn
BrZnCH2CO2CH3
H−CHO
O---ZnBr
H
H
−CH2CO2CH3
HOCH2CH2CO2CH3

c) ケトンからアミドへはオキシムを経由して**ベックマン (Beckmann) 転移**を用いるのが一般的である．アセトンに酸性条件下，ヒドロキシルアミンを作用させるとオキシムが生成する．

CH3COCH3
HO−NH2
O
H3C
CH3
HO−NH2
OH
CH3
CH3
HO−NH
OH2
CH3
CH3
HO−NH
H3C
CH3
N
HO
オキシム

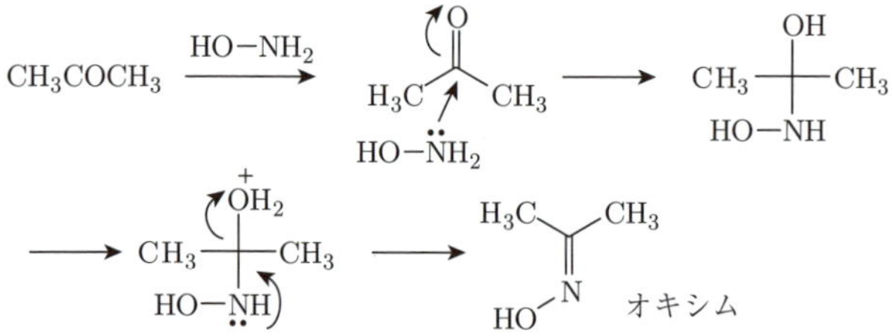

このオキシムを酸性溶液中で加熱すると

CH3
CH3
N
HO
H+
CH3
CH3
N
H2O
CH3
N
CH3
H2O
CH3
O
H
H
N
CH3
−H+
CH3
H
O
N
CH3
CH3
O
HN
CH3

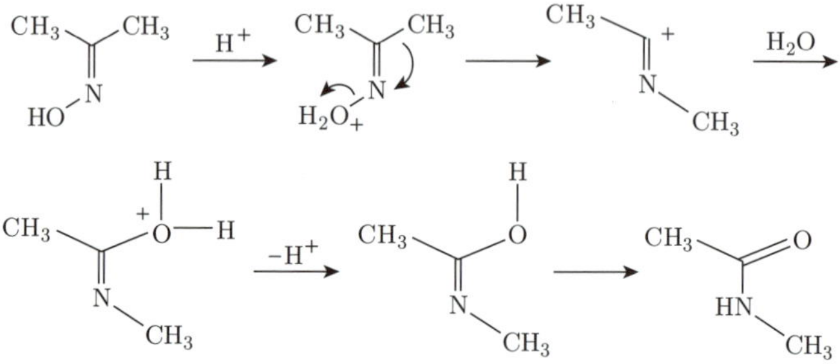

脱離する H_2O^+ の**トランス体**にある置換基が **1,2-転移**する．メチル基が N 上に移動し，最終的に水が付加してアミドとなる．

d) アジピン酸エステルを環化させるのは**クライゼン縮合**の一種の**ディークマン (Dieckmann) 縮合**を用いる．

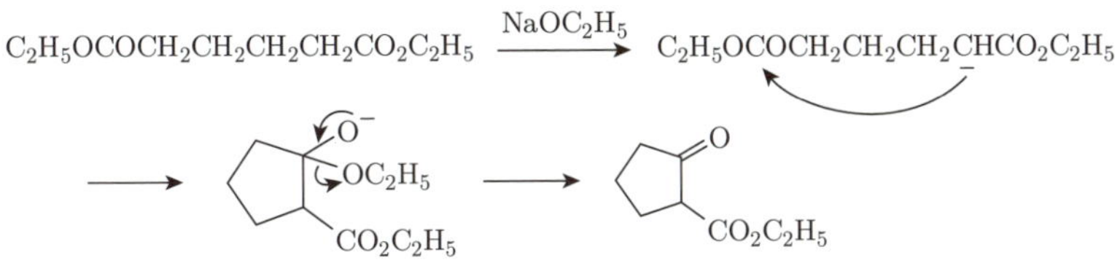

$C_2H_5OCOCH_2CH_2CH_2CH_2CO_2C_2H_5$ $\xrightarrow{NaOC_2H_5}$ $C_2H_5OCOCH_2CH_2CH_2\overset{-}{C}HCO_2C_2H_5$

→ [シクロペンタン環 O⁻, OC₂H₅, CO₂C₂H₅] → [シクロペンタノン環 O, CO₂C₂H₅]

エステルのα水素が塩基により抜かれアニオンを生じる．このアニオンが分子内のエステルを攻撃し，エタノールが脱離する．この環化反応は環化はディークマン縮合と呼ばれる．

2) b) レフォルマトスキー (Reformatsky) 反応　c) ベックマン (Beckmann) 転移　d) ディークマン (Dieckmann) 縮合

4 (a) 1,2-ジメチルシクロヘキサンには cis 体と trans 体がある．

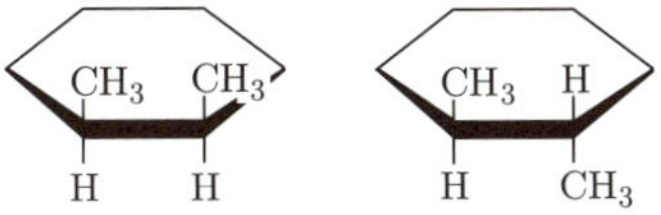

cis- (A)　　trans- (B)

さて，この両者は平面構造ではなく実際は sp^3 混成軌道をとっているので，シクロヘキサン環で最も安定ないす形をとろうとする．この際，1,3,5-位のアキシャルが立体的に混みあわないような配置をとる．すなわち

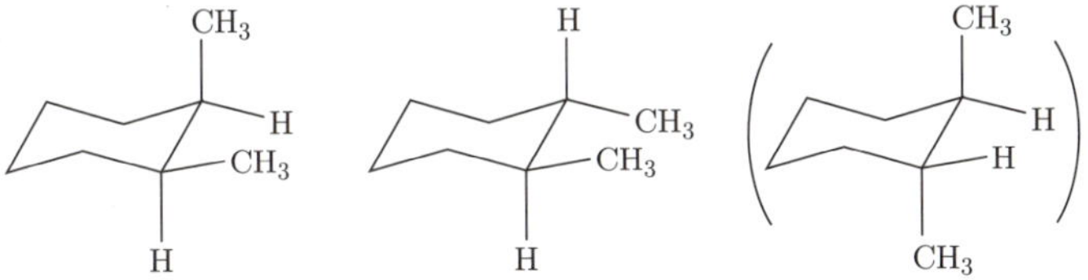

cis- (A)　　trans- (B)

このようになる．この構造のうちメチル基がすべてアキシャルの右端の構造をとることはない．よって上記の左二つの立体配座となる．

(b) 化合物 A は cis 体であるため，必ずどちらかのメチル基がアキシャル位となる．

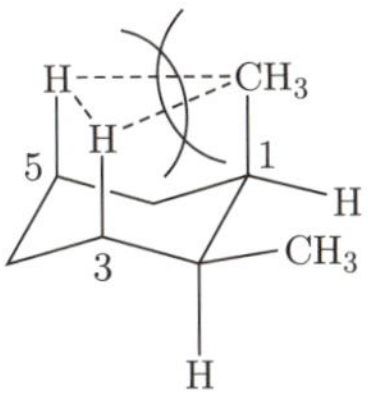

cis- (A)

1位のメチル基はアキシャル位の 3,5 位の水素と立体的に混みあうために不安定となる．よって B が安定となる．

(cis 体のアキシャル-エカトリアルおよび trans 体のエクアトリアル-エクアトリアルは上図のように共にゴーシュ配座となるため，アンチ型に比べるとやや不安定となる．しかし，それを計算に入れても trans 体は cis 体に比べ実際は約 1.8 kcal/mol 安定である．)

(c) ジアステレオマー (diastereomer)

(d) メソ体

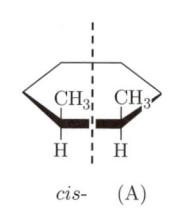

シス体は点線の面で左右対称である．メチル基が結合したそれぞれの炭素は不斉ではあるが，左右対称なためこの不斉をお互いが打ち消しあうため光学活性はない．

(e) trans-1,3-ジメチルシクロヘキサンの鏡像体の両者は，2位と5位を繋ぐ軸まわりに考えるとそれぞれエナンチオマーとして理解しやすい．

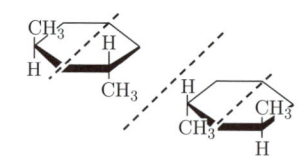

ここで，同様に trans-1,4-ジメチルシクロヘキサンを考えた場合，それぞれの鏡像異性体は

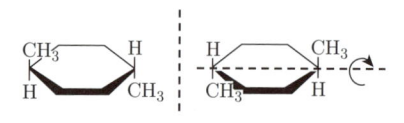

このように表すことができるが，1位と4位を繋ぐ軸まわりに回転させると両者は互いに完全に重なりあう．すなわちメソ体である．

よって 1,3-体はキラルで 1,4-体はアキラルである．

5 (a) 求電子置換反応は電子不足の求電子試薬が電子豊富なベンゼンに付加するものの，共鳴安定化エネルギー (36 kcal/mol) が大きいため，プロトンが脱離し置換反応を起こすことにより進行する．

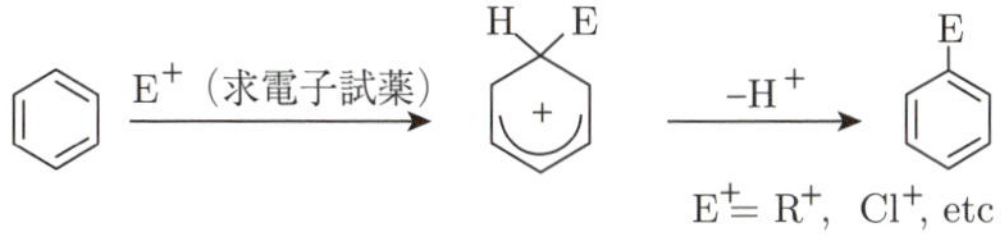

$$\text{benzene} \xrightarrow{E^+ (求電子試薬)} \overset{H\ E}{\underset{+}{\bigcirc}} \xrightarrow{-H^+} \overset{E}{\bigcirc}$$
$$E^+ = R^+,\ Cl^+,\ \text{etc}$$

求電子付加反応し 4π の電子を残すよりも求電子置換反応を行い，6π 系となって共鳴安定化エネルギーを獲得するほうが熱力学的に安定であるためである．

(b) ベンゼンから安息香酸へは**一炭素増炭**が必要である．ベンゼンから一段階で安息香酸に導くのは困難である．カルボキシル基の導入にはグリニャール反応と二酸化炭素が一般的であることより，

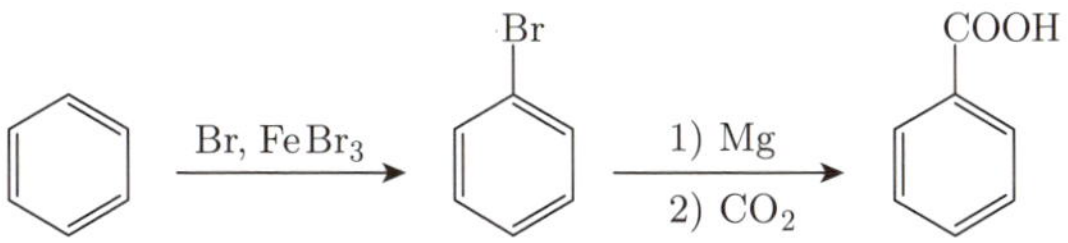

$$\text{benzene} \xrightarrow{Br,\ FeBr_3} \text{PhBr} \xrightarrow[2)\ CO_2]{1)\ Mg} \text{PhCOOH}$$

上記 2 段階の反応で合成できる．

(c) 安息香酸を臭化鉄 (III) の存在下で臭素と反応させると，安息香酸は m-配向性のため 3-ブロモ安息香酸となる．これは電子求引性のカルボキシル基が

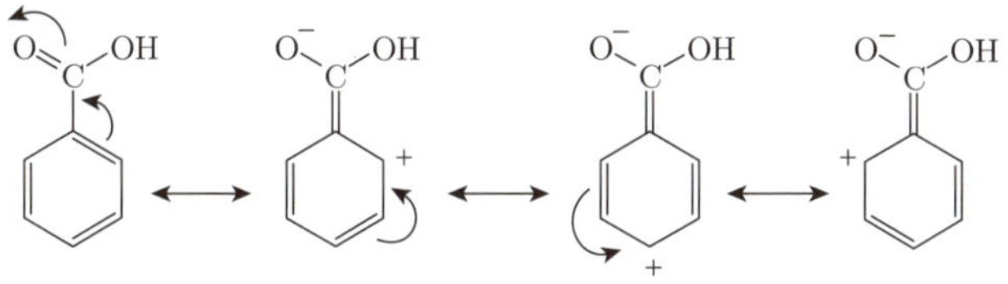

[共鳴構造の図]

このようにオルト位とパラ位の電子密度を下げ，求電子試薬である Br^+ のオルト・パラ位への求電子反応を阻害するためである．よって Br^+ は結果的に**電子密度が比較的高いメタ位**を攻撃する．

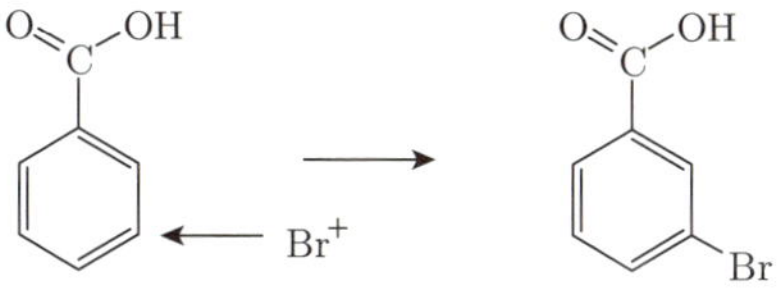

[安息香酸 + Br^+ → 3-ブロモ安息香酸 の図]

よって 3-ブロモ安息香酸ができる．

(d) カルボン酸の強さは共役塩基の安定性と比例する．すなわち共役塩基が安定であれば酸性度が強いということになる．

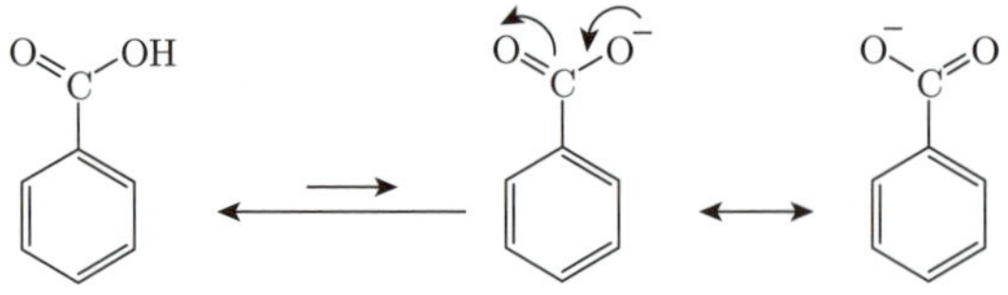

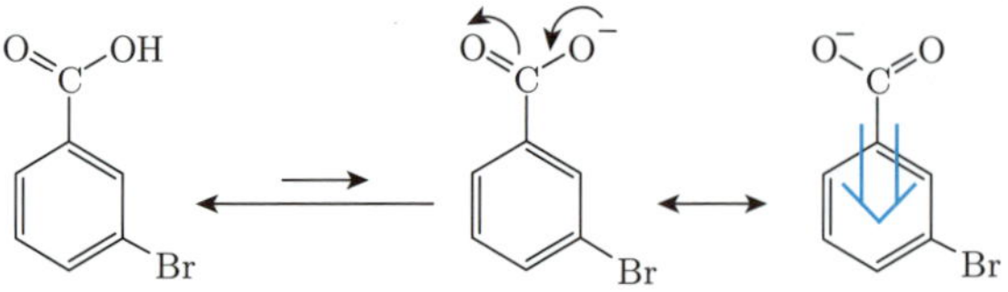

安息香酸のカルボキシラートイオンに対し，電気陰性度の大きな臭素は電子吸引基として作用するためカルボキシラートアニオンを安定化させることができる．よって安息香酸 ($pKa = 4.20$) より m-クロロ安息香酸 ($pKa = 3.82$) がより強い酸である．

6
六員環炭素骨格を含み分子式 C_8H_{14} であることより，不飽和数 2 で環外に炭素が二つあることがわかる．
(1) オゾン酸化によりアルデヒドができず，ジケトンとなることよりアルケンは 4 置換であることがわかる．六員環の環外には炭素が二つしかないことから

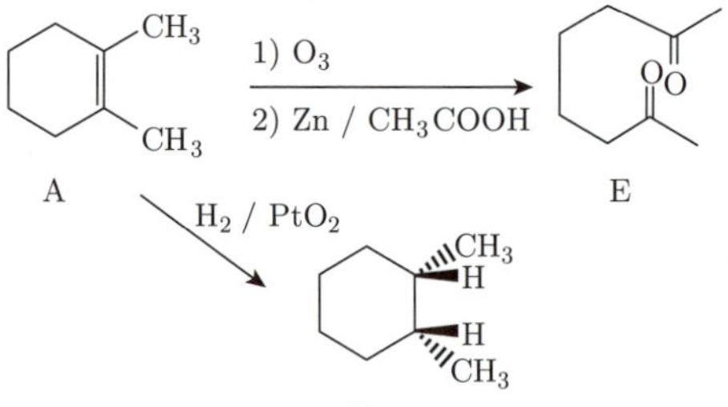

とわかる．E, F は上記のようになる．なお，F は *cis* 配置である．
(2) F の異性体は *trans* 体の

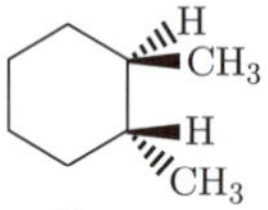

である．G と F が PtO_2 を用いた水素の *cis* 付加により生成することから考えられる B は

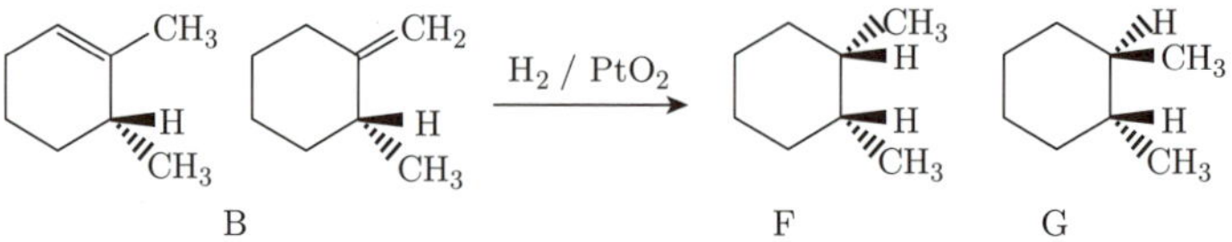

と考えられる.

(3) アルケンへのハイドロボレーションと引き続く過酸化水素による酸化で得られるのはアンチマルコフニコフ配向のアルコールである．この際得られる H が第一級アルコールであることからアルケンは末端に存在することがわかる．

オキシ水銀化および水素化ホウ素ナトリウムによる脱水銀により得られるのはマルコフニコフ配向のアルコールである．この際得られる I が第二級アルコールであることからこのアルケンは一置換アルケンであることがわかり，六員環から離れた位置に存在することがわかる (環内に二重結合があれば H は第二級アルコールとなってしまう．エキソ位に二重結合があれば I は第 3 級アルコールになってしまう)．すなわち C は上記の構造を持つことがわかる．

(4) オゾン酸化で反応しないことより二環性化合物である．一方が六員環と決まっているから残りは四員環か，三員環とメチル基と考えればよい．このうち旋光性を示す 5 つを示すと，

となる．すべてに不斉があり旋光性を示す．なお四員環の

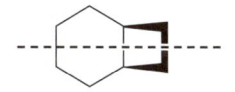

は，不斉炭素は二つあるものの，分子内に鏡面 (点線) があり，二つの不斉炭素は対称となっているためメソ体であるので旋光性は示さない．

7 (1) Cannizzaro 反応は α 水素を持たないアルデヒドの不均化反応である．強アルカリにより，カルボニル基がヒドロキシルアニオンに攻撃を受け，カルボニル酸素上に電子が立ち上がる．その後，帰ってきた電子が炭素上に来ると同時に水素が電子を伴って (ヒドリド転移) 他のカルボニル基に移動し，求核攻撃する．

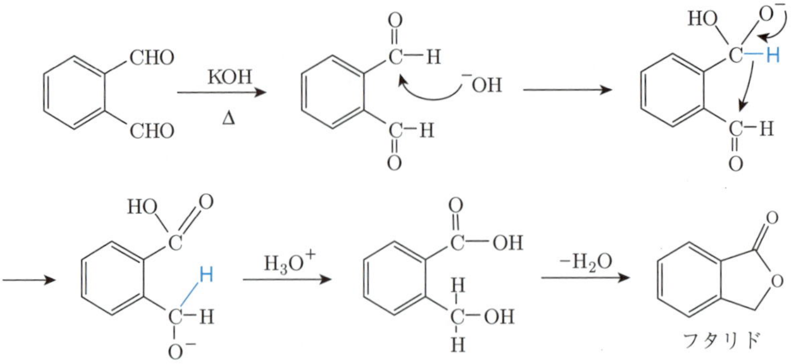

ヒドリドが脱離した側は酸化され，ヒドリドが攻撃された側は還元される．Cannizzaro 反応は二つのアルデヒドがカルボキシル基とヒドロキシメチル基になる不均化反応である．最終的には分子内脱水が起こりフタリドとなる．

(2) Wolff-Kishner 還元は強塩基存在下，ケトンをヒドラジンと強熱し (3 を合成するこの反応条件では約 200 ℃) アルカンに還元させる反応である．塩基性に強いケトンは Wolff-Kishner 還元で，酸性に強い化合物は Clemmensen 還元 (亜鉛アマルガムと濃塩酸) でアルカンに還元する．Friedel-Crafts アシル化反応とこの方法を用いることにより，Friedel-Crafts 反応のアルキル化反応をしたのと同じ結果になる．

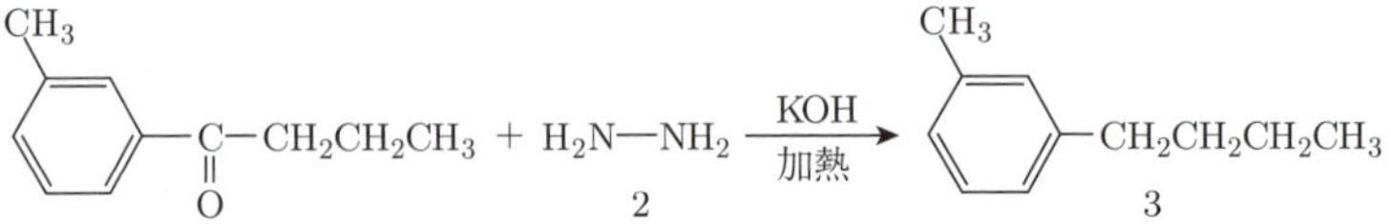

(3) Simmons-Smith 反応はアルケンを原料に遊離のカルベンを経ないシクロプロパン環合成法である．立体特異的に反応するため最初のアルケンの立体を保持する．

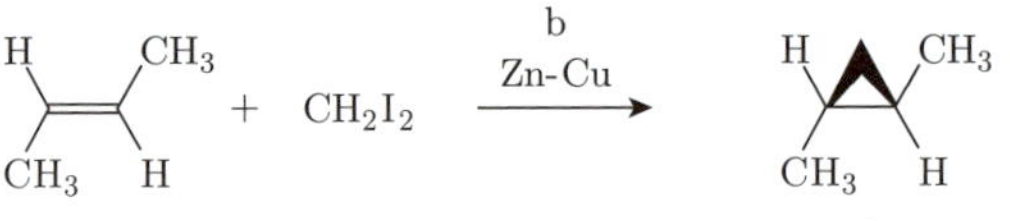

(4) Wittig 反応はケトンとリンイリドからベタインを経由してアルケンを合成する反応である．対応するリンイリドはハロゲン化物とトリフェニルホスフィンから合成する．

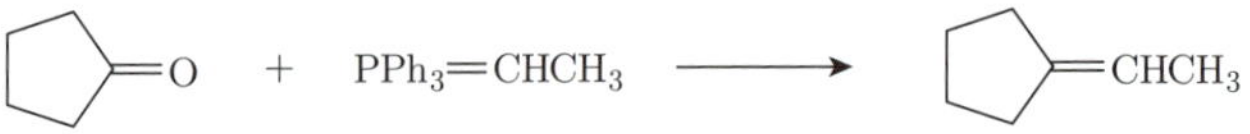

(5) Williamson エーテル合成は左右非対称のエーテルを合成する手法である．ハロゲン化物とアルコキシドアニオンを用いるが，ハロゲン化物の級数が高い場合，ハロゲン化物の水素が塩基により抜かれ，脱離反応を起こす恐れがある．そこでハロゲン化物はなるべく第一級となるようにする．そこで

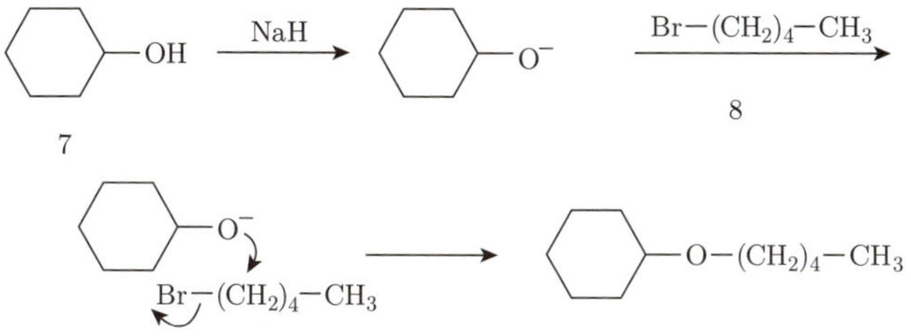

ペンタン側をハライドにすることで確実に S_N2 反応を経由してシクロヘキシルペンチルエーテルに導くことができる．

(6) Friedel-Crafts 反応はアシル化とアルキル化の二つがある．この反応はフリーデルクラフツ反応のアルキル化で触媒量 (実際は触媒量より当量に近い) の無水塩化アルミニウムを用いハロゲン化アルキルとベンゼンを利用しアルキルベンゼンに導く．

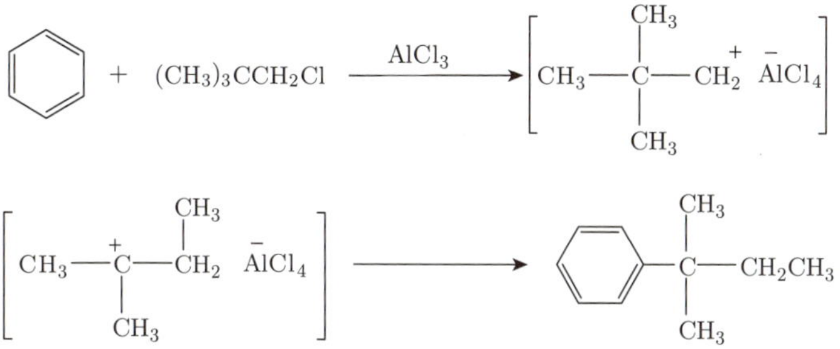

ネオペンチルクロリドを用いてフリーデルクラフツ反応を進行させた場合，安定な第三級カチオンを生成するため転移反応が起こり t-ペンチルベンゼンが生じる (ベンゼンとネオペンチルアルコールにルイス酸として BF_3 を加えても同様に t-ペンチルベンゼンが生じる)．フリーデルクラフツ反応アルキル化反応は生成するアルキルカチオンがより級数の多いアルキルカチオンに転移したり，多アルキル化が起こることが多いので，フリーデルクラフツアシル化の後，実際はウォルフ-キッシュナー還元することが多い．

■ 8 ■ 1) エステルの酸触媒による加水分解である．酸性水溶液中プロトンはカルボニル炭素と結合しオキソニウム塩となる．

$$CH_3COOCH_2CH_3 \underset{}{\overset{H^+}{\rightleftarrows}} CH_3-\underset{OH}{\overset{+}{C}}-OCH_2CH_3$$

$$\updownarrow$$

$$CH_3-\underset{OH}{\overset{+}{C}}-OCH_2CH_3 \underset{}{\overset{H_2O}{\rightleftarrows}} CH_3-\underset{OH}{\overset{\overset{+}{O}H_2}{C}}-OCH_2CH_3$$

$$\rightleftarrows CH_3-\underset{\underset{H}{O}}{\overset{OH}{C}}-\overset{+}{O}CH_2CH_3 \overset{-H^+}{\rightleftarrows} CH_3COOH + CH_3CH_2OH$$

酸素がオキソニウム塩となったことでカルボニルの δ^+ 性が増し水のような比較的求核性が低い試薬でもカルボニル炭素を攻撃できるようになる．酸素の孤立電子対が炭素側に戻った際，エトキシ基が脱離すると反応は右側に進行し酢酸とエタノールができる．この反応は平衡反応であるため，エタノールの酸素が酢酸のカルボニル炭素を攻撃すると逆反応が起こる．

2)

$$CH_3COOCH_2CH_3 \overset{OH^-}{\rightleftarrows} CH_3-\underset{O^-}{\overset{OH}{C}}-OCH_2CH_3 \longrightarrow CH_3COO^- + CH_3CH_2OH$$

エステルのアルカリの加水分解反応はケン化と呼ばれる．ヒドロキシルアニオンは求核性が高く，カルボニル炭素を攻撃する．酸素上に立ち上がった電子は炭素上に帰ってくる際，エトキシ基を脱離させる．生成したカルボン酸は反応系がアルカリ性であるため，すぐさま酢酸アニオンとなり逆反応は進行しない．

3) この反応はマロン酸エステル合成法である．

$$CH_2(COOCH_2CH_3)_2 \overset{CH_3CH_2ONa}{\longrightarrow} {}^-CH(COOCH_2CH_3)_2$$

$$\downarrow CH_3CH_2CH_2Br$$

$$CH_3CH_2CH_2-CH(COOCH_2CH_3)_2 \overset{OH^-}{\longrightarrow} CH_3CH_2CH_2-CH(COO^-)_2$$

$$\overset{H^+}{\longrightarrow} CH_3CH_2CH_2-CH(COOH)_2 \overset{加熱}{\longrightarrow} CH_3CH_2CH_2-CH\underset{C=O}{\overset{C=O\cdots HO}{\diagup\diagdown}}O$$

発展

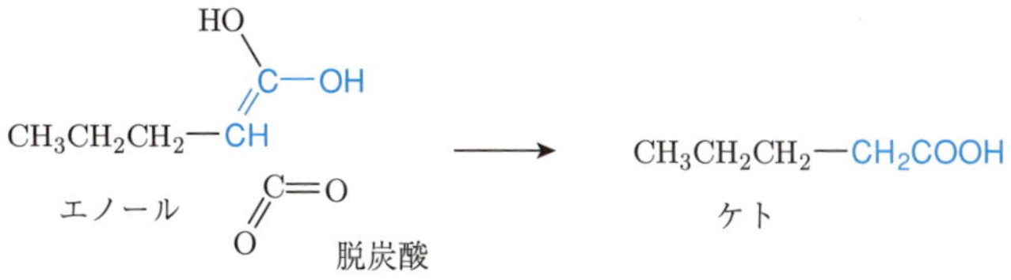

$$\underset{\text{エノール}}{\text{CH}_3\text{CH}_2\text{CH}_2-\underset{\underset{\underset{O}{\|}}{\overset{\overset{\text{C}=\text{O}}{|}}{}}}{\text{CH}}=\text{C}\overset{\text{HO}}{\underset{}{}}-\text{OH}} \xrightarrow{\text{脱炭酸}} \underset{\text{ケト}}{\text{CH}_3\text{CH}_2\text{CH}_2-\text{CH}_2\text{COOH}}$$

マロン酸のメチレンは活性メチレンと呼ばれ酸性度が高く，反応性が高い．反応終了後，ケン化，酸性で加熱することにより六員環遷移状態を経て，脱炭酸を伴いカルボン酸となる．マロン酸エステルは酢酸の合成等価体と考えることができる．

索引

あ 行

アミド　　36
アミドイオン　　14
アミノ酸　　47
アミロース　　54
アミロペクチン　　54
アルカン　　7
アルキン　　12
アルケン　　12
アルデヒド　　29
アルドール縮合　　31
アンチ型　　10
アンチ脱離　　119
アンチマルコフニコフ則　　14
アンチマルコフニコフ配向　　120
アンモニア　　6
イオン結合　　3
一次反応　　21
イミン　　31
ウィッティッヒ反応　　31
ウォルフ-キッシュナー法　　34
エステル　　36
エナンチオマー　　131
エノール　　16
エノラートアニオン　　31
塩化ベンゼンジアゾニウム　　14
オキシム　　31
オキソニウム塩　　25

か 行

重なり型　　9
活性メチレン　　35

価電子　　3
カニッツァロ反応　　31
カルボキシル基　　36
カルボニル基　　29
慣用名　　1
キサントプロテイン反応　　49
求核攻撃　　18
求核置換反応　　20
求電子試薬　　12
求電子反応　　12
共鳴効果　　17
共有結合　　3
極性　　1, 23
銀鏡反応　　54
クメン法　　125
クライゼン縮合　　40, 148
クラウンエーテル　　45
グリコシド結合　　143
グリセルアルデヒド　　52
グリニャール試薬　　14
グリニャール反応　　67
グルコース　　52
結合性軌道　　3
ケト　　16
ケトン　　29
交差アルドール縮合　　33
ゴーシュ型　　10
互変異性　　16
孤立電子対　　4

さ 行

ザイツェフ則　　120
三次構造　　49
三重結合　　12
酸性度　　39

酸ハロゲン化物　　36
三フッ化ホウ素　　6
酸無水物　　36
ジアステレオマー　　72
シアンヒドリン　　31
親水性　　2
水素化リチウムアルミニウム　　34, 40
水素結合　　23
水和　　72
正四面体型　　5
セルロース　　54
相関移動触媒　　45, 134
速度論的支配　　119
疎水性　　2

た 行

脱離基　　18
多糖類　　52
単糖類　　52
タンパク質　　49
置換反応　　12
直線状分子　　5
ディークマン縮合　　148
ディールス-アルダー反応　　14
電気陰性度　　3, 71
電子吸引性置換基　　39, 43
電子供与性置換基　　43
電子表示式　　4
デンプン　　54
等電点　　50
トランス　　15

な 行

ナイロン66　　60

索 引

な行
二次構造　49
二次反応　21
二重結合　12
二糖類　52
ニトロ化　14
ニューマン投影法　128
ニンヒドリン　49
ヌクレオシド　59
ヌクレオチド　59
ねじれ型　9
熱力学的支配　118

は行
配向性　17
ハイドロボレーション　14, 120
バルデン反転　21
反結合性軌道　3
反転　20, 21
ピリジン　45, 46
ピロール　45, 46
ピロリジン　46
フィッシャー投影法　11
フェーリング試薬　100
フェーリング反応　54
付加反応　12
フリーデルクラフツ　14
フルクトース　52
平面構造　5
ベックマン転移　148
ペプチド結合　144
ベンゼンジアゾニウム塩　43
芳香族　67
ポーリングの電気陰性度　128
ポリエチレン　60
ポリエチレンテレフタレート　60
ポリ塩化ビニル　60
ポリスチレン　60
ポリプロピレン　60

ま行
マイケル反応　31
マルコフニコフ　72
マルコフニコフ則　14, 120
マロン酸エステル合成法　156
マンノース　52
メソ　72
メソ体　130

や行
有機化合物　1
誘起効果　17

ら行
ラセミ化　20
ラセミ体　21
リボース　52
ルイス塩基　128
ルイス酸　128
レフォルマトスキー反応　40, 148
ろう　56

欧字
α, β 不飽和カルボニル化合物　31
α, β 不飽和ケトン　35
α 水素　31, 40
α ヘリックス　49
β 構造　49
σ 結合　5
sp^2 混成軌道　5
18-crown-6　46
Beckmann 転移　148
Cahn-Ingold-Prelog 順位規則　9
Cannizzaro 反応　153
CIP 順位規則　9
Clemmensen 還元　154
Cotton 効果　114
Dieckmann 縮合　148
DNA　58
E　94
E2　25
E2 反応　28
Entgegen　94
Fischer 投影法　11
Friedel-Crafts　154
Friedel-Crafts 反応　155
Gabriel のアミン合成　142
Hofmann 則　26
HOMO　91
HSAB 理論　101
IR　64
IUPAC 名　1
Lewis 塩基　71
Lewis 酸　71
LUMO　91
meso 体　130
MS　64
Newman 投影式　71
Newman 投影図　9
NMR　64
PET　60
p 軌道　3
R　9
RNA　58
S　9
Saytzeff 則　26
Simmons-Smith　154
S_N1　25
S_N1 反応　20
S_N2　25
S_N2 反応　20, 21, 28
sp^3 混成軌道　5
sp 混成軌道　5
s 軌道　3
UV　64
van Slyke 法　106
Williamson エーテル合成　154
Wittig 反応　154
Wolff-Kishner 還元　154
Z　94
Zusammen　94

著者略歴

大須賀　篤弘
（おおすか　あつひろ）

1977 年　京都大学理学部卒業
　　　　愛媛大学理学部を経て
現　在　京都大学名誉教授
　　　　理学博士

東田　卓
（ひがしだ　すぐる）

1988 年　大阪教育大学大学院教育学研究科修了
　　　　大阪府立工業高等専門学校助手，講師を経て
現　在　大阪府立大学工業高等専門学校
　　　　総合工学システム学科環境物質化学コース教授
　　　　博士（工学）

新・演習物質科学ライブラリ＝4

基礎 有機化学演習

2005 年 6 月 10 日　ⓒ　　　　　　初 版 発 行
2020 年 12 月 10 日　　　　　　初版第 3 刷発行

著　者　大須賀篤弘　　発行者　森平敏孝
　　　　東田　卓　　　印刷者　中澤　眞
　　　　　　　　　　　製本者　小西惠介

発行所　株式会社　サイエンス社
〒151-0051　東京都渋谷区千駄ヶ谷 1 丁目 3 番 25 号
営業　☎（03）5474-8500（代）　振替 00170-7-2387
編集　☎（03）5474-8600（代）
FAX　☎（03）5474-8900

組版　ビーカム
印刷　（株）シナノ　　製本　ブックアート
《検印省略》

本書の内容を無断で複写複製することは，著作者および
出版者の権利を侵害することがありますので，その場合
にはあらかじめ小社あて許諾をお求め下さい．

ISBN4-7819-1088-2

PRINTED IN JAPAN

サイエンス社のホームページのご案内
http://www.saiensu.co.jp
ご意見・ご要望は
rikei@saiensu.co.jp　まで